SVEN HERZOG

DIE SACHE MIT DEM WOLF

SVEN HERZOG

DIE SACHE MIT DEM — WOLF

ZWISCHEN BESTIE UND KUSCHELTIER – IST EIN MITEINANDER MÖGLICH?

KOSMOS

INHALT

VORWORT: HOMMAGE AN EIN POLITISCHES TIER

Ziemlich genau ein Vierteljahrhundert ist es her, dass in der sächsischen Niederlausitz die ersten nach langer Abwesenheit wieder zugewanderten Wölfe nicht nur erneut sesshaft wurden, sondern sogar seit vielen Jahrzehnten erstmals wieder Welpen aufzogen.

Anfangs hatten wir noch die Hoffnung, dass wir uns vorbehaltslos über ein spätheimgekehrtes Wildtier freuen konnten, vielleicht mit einigen Problemen, aber auch mit unglaublich vielen positiven Seiten. Doch waren wir seinerzeit davon ausgegangen, dass mittels zeitgemäßer Forschungsmethoden und der umfangreichen Erfahrungen unserer internationalen Kollegen das Basiswissen für den professionellen Umgang mit einem Großraubtier im dicht besiedelten Mitteleuropa schnell erarbeitet sein sollte, so wurden wir schnell eines Anderen, nicht wirklich Besseren belehrt.

Das Thema Wolf wurde alsbald von einigen wenigen Interessengruppen und Unternehmen besetzt, ergebnisoffene Forschung erschien über viele Jahre ebenso wenig erwünscht wie die Einbeziehung der breiten Wissensbasis zahlreicher Kolleginnen und Kollegen aus Ostmitteleuropa oder Skandinavien. Die mehr oder weniger mit Bordmitteln in den einzelnen Ländern entwickelten Managementkonzepte gerieten wenig flexibel und bürokratisch überformt und setzen bis heute im Wesentlichen auf eine minimale Auswahl an Werkzeugen und letztlich vor allem auf ordnungsrechtliche Maßnahmen. Die positive Nachricht dabei ist: Dem Wolf hat das bislang nicht geschadet, die Bestände haben sich prächtig entwickelt, so wie es für eine Prädatorenart unter wirksamem Schutz auch abzusehen war.

Geschadet hat diese Vorgehensweise allerdings der Akzeptanz des Wolfes bei den Menschen. Der Wolf wurde zu einem politischen Tier, das instrumentalisiert und missbraucht wurde, um uralte Konflikte zwischen den unterschiedlichen Gruppen von Landnutzern zu pflegen, zwischen Weidetierhaltern, Naturschützern (ja, Sie haben richtig gelesen: auch Naturschützer sind letztlich Landnutzer), Jägern und einigen anderen. Dem Wolfsmanagement der einzelnen Bundesländer ist es nicht gelungen, diese Konflikte zu lösen oder auch nur wesentlich zu entschärfen. Die Folge ist, dass der Wolf im Jahr 2025 Eingang in den Koalitionsvertrag der Regierungsparteien fand. Nun versucht die Politik, die Probleme sozusagen top-down zu lösen. Ob dieser Weg funktioniert, wird die Zukunft zeigen.

Doch wir sollten uns jetzt davor hüten, die gleichen Fehler der vergangenen 25 Jahre nur mit anderem Vorzeichen zu machen, indem man Andersdenkende und Kritiker wieder von vornherein ausgrenzt. Vielmehr ist es an der Zeit, bestehende Ressentiments zwischen den unterschiedlichen Interessengruppen wenn schon nicht aufzulösen, so doch abzumildern.

DAS DOPPELGESICHTIGE BILD DES WOLFES

Das vorliegende Buch will hierzu einen Beitrag leisten. Es will vor allem dabei helfen, zu verstehen, warum gerade der Wolf für uns Menschen eine „besondere" Tierart ist. Und es will dabei helfen, die unterschiedlichen und teilweise gegensätzlichen menschlichen Sichtweisen auf den Wolf nachvollziehbar zu machen.

Es betrachtet den Wolf von Anfang an aus der menschlichen Perspektive und fragt, was uns Menschen, die Art *Homo sapiens,* und den Wolf, die Art *Canis lupus,* so sehr verbindet, dass es uns nur schwer gelingt, Wölfe als ganz normale Wildtiere zu betrachten, so wie vielleicht Rehe, Hirsche, Füchse oder Wildschweine.

Faszination und Angst, Bewunderung und Verachtung, Liebe und Hass sind bis heute in unseren Gefühlen dem Wolf gegenüber präsent. Nahezu alle menschlichen Kulturen, die mit Wölfen in Kontakt standen, haben von alters her dieses Tier als Projektionsfläche für menschliche Emotionen und Fantasien entwickelt. Und so wie Liebe und Hass auch im menschlichen Leben zwei Seiten ein und derselben Medaille darstellen, so entsteht auch in unserer Gesellschaft immer wieder aufs Neue das doppelgesichtige Bild des Wolfes – einerseits die Lichtgestalt, andererseits die Bestie.

Wenn wir verstanden haben, warum der Wolf bestimmte Emotionen weckt, und wenn wir gleichzeitig zu verstehen versuchen, dass dieses Tier bei anderen Menschen möglicherweise zu ganz anderen Wahrnehmungen führt, so ist dies ein wichtiger Schritt hin zu gegenseitigem Respekt. Es geht darum, die Werte anderer Menschen zu respektieren und zu achten. Die meisten Menschen, unabhängig davon, ob sie sich eher als „Wolfsgegner“ oder „Wolfsbefürworter“ sehen, handeln aus einem Gefühl der Verantwortung heraus – Verantwortung für die anvertrauten Weidetiere, für das Wild oder für eine intakte Natur.

Die Lektüre dieses Buches wird auch zeigen, warum ein „weiter so“ in Bezug vor allem auf Wolf und Weidetiere nicht sinnvoll ist. Weil es dazu führt, dass es dem Wolf langfristig nicht besser, sondern schlechter gehen wird. Ein fachgerechtes, umfassendes und konsequentes Wildtiermanagement des Wolfes und vor allem auch seiner

Beutetiere ist dringend erforderlich. Und unabhängig davon, ob dies im Naturschutz- oder Jagdrecht erfolgt, sollte dies allen – Weidetierhaltern, Naturschützern, Jägern oder Menschen, die sich einfach nur gerne in der Natur aufhalten, vor allem aber dem Wolf selbst – langfristig zum Vorteil gereichen.

Wenn dieses Buch dazu beiträgt, dass der Wolf hierzulande wieder ein Stück weit ein normales Wildtier sein darf, und wenn es trotzdem oder gerade deshalb gelingt, bei dem einen oder der anderen die Faszination für diese Art zu wecken, dann hat es sein Ziel erreicht.

1. VON WÖLFEN UND MENSCHEN

Versetzen wir uns einmal gedanklich zwanzigtausend Jahre zurück in die Vergangenheit. Große Teile Europas liegen unter einer Eisdecke verborgen. Bis auf Höhe des heutigen Hannover reichen die Gletscher. Südwärts bis an Isar und Donau erstrecken sich Tundren und lockere Nadelwälder, wie wir sie derzeit noch aus Sibirien und dem Norden Skandinaviens kennen.

Und irgendwo im Bereich der heutigen Innenstadt Göttingens zieht eine Rentierherde über die baumarme Tundrenlandschaft. Der Herde folgt eine Gruppe von Menschen, vielleicht ein Dutzend Personen, Männer, Frauen, Kinder, ein nomadischer Familienverband von Jägern und Sammlern. Sie tragen warme Kleidung aus Tierhäuten, lagern hier und dort einige Tage, nachdem ein Feuer entzündet wurde. Die Menschen führen nur das Nötigste mit sich, Zugtiere und Wagen sind noch unbekannt und wären auch nur lästig. Die Männer jagen in der Gruppe Rentiere, die Frauen sammeln nahrhafte Pflanzenteile, unterhalten das Feuer und versorgen die Kinder. Eine frühe arbeitsteilige Gesellschaft.

Nachts hören die Menschen das Heulen des Wolfsrudels, welches es ebenfalls in die Nähe der Herde zieht, um das eine oder andere Rentier zu erbeuten. Falls das nicht gelingt, sind da ja noch die Abfälle der Zweibeiner, denen die Wölfe mit Respekt begegnen. Bei Dunkelheit kann man sich den Abfallhaufen vorsichtig nähern, denn diese Wesen sind dann nicht aktiv. Bei Tageslicht allerdings halten die Wölfe Abstand von den Menschen. Denn sie wissen um das Risiko: Wagt sich ein unerfahrener Wolfsjährling zu nahe an das Lager, endet er schnell als Braten über dem Feuer.

Gezielt auf die scheuen und cleveren Tiere Jagd zu machen, ist allerdings der Mühe nicht wert. Denn auch wenn ein gebratener Wolf recht wohlschmeckend ist – es ist einfach zu wenig dran an so einem Tier, im Gegensatz zu einem Ren oder einem Wildpferd.

KOEVOLUTION VON MENSCH UND WOLF

So ähnlich stellen wir uns die Koexistenz unserer eigenen Vorfahren mit den Urahnen unserer Haushunde vor. Die nach wie vor sehr lückenhaften Kenntnisse dieser Zeit leiten wir vor allem aus archäologischen Funden ab.

Abb.1: So stellen wir uns eine eiszeitliche Landschaft vor (Diorama im Ice Age Centre, Tartu, Estland).

Abb. 2: Darstellung, vermutlich eines Schamanen, in über 10 000 Jahre alter Höhlenmalerei in der Höhle Les Trois-Frères

Beispielsweise finden sich gelegentlich vom Menschen abgenagte Wolfsknochen in den Abfällen eiszeitlicher Jägergruppen. Wolfsknochen sind aber im Vergleich zu denjenigen von Huftieren eher Gelegenheitsfunde. Daraus schließen wir, dass die (als Prädatoren vergleichsweise seltenen) Wölfe zwar auch zum Nahrungsspektrum der nomadischen Jäger gehörten, dass diese allerdings eher eine Zufallsbeute oder eine Ressource darstellten, auf die man in nahrungsarmen Zeiten zurückgriff.

Diese gemeinsame Evolution von Menschen und Wölfen ist ein faszinierender Teil der Entwicklung zum modernen Menschen. Wir können davon ausgehen, dass seit, ganz grob geschätzt, etwa vier

Millionen Jahren menschliche Wesen („Hominiden") auf der Erde leben und dass seit, ebenso grob geschätzt, etwa zwei Millionen Jahren menschliche Jägerkulturen existierten, welche ihren gesamten Lebensunterhalt im Wesentlichen durch die Jagd auf große Beutetiere bestritten.

Jägerkulturen

Sehr frühe Menschen (Hominiden) wie der *Australopithecus*, deren Existenz wir seit etwa vier Millionen Jahren annehmen, ernährten sich vermutlich noch von gesammelten Pflanzenteilen, Kleintieren und vielleicht dem einen oder anderen Tierkadaver[100]. Seit etwa zwei Millionen Jahren entwickelten sich Menschen, welche zusehends dazu fähig waren, große Beutetiere zu jagen, zu töten und aufzuessen. Dies betraf selbst solche Tiere, die wehrhaft und ein Vielfaches größer als sie selbst waren.

Diese Fähigkeit bedurfte einiger Voraussetzungen, die sich in der Evolution langsam herausgebildet hatten. So mussten diese Menschen etwa zu einer differenzierten Kommunikation einschließlich einer vergleichsweise hochentwickelten Sprache fähig sein, denn ein Mammut oder auch nur einen Hirsch erlegte man nur in der Gruppe. Gleiches gilt für die Entwicklung differenzierter Hierarchien.

Ein wichtiger Meilenstein war die Beherrschung des Feuers. Dies half nicht nur bei der Jagd, sondern diente vor allem dazu, das Fleisch der Beutetiere genießbarer zu machen. Die daraus resultierende Ernährung mit größeren Anteilen tierischen Proteins ist nach Ansicht verschiedener Autoren zumindest mitursächlich für die Evolution des menschlichen Großhirns[175] während einer frühen Phase der Jägerkulturen[25] und damit Basis jedweder zivilisatorischer Entwicklung.

Mit der Entwicklung differenzierterer Gehirnstrukturen ging auch die Fähigkeit zur Selbstreflexion einher und irgendwann stellte sich den Menschen die Frage, wie es nach dem Tode eigentlich weitergeht. Somit finden wir in Jägerkulturen die ersten Hinweise auf klare Jenseitsvorstellungen. Bei den frühen Menschen

(und bei einigen indigenen Ethnien bis heute) fehlt allerdings die klare Abgrenzung zwischen Menschen einerseits und Tieren andererseits. Diese entstand erst in der Folge der Verbreitung der großen Weltreligionen.
Man konnte also nach dem Tode in einer jenseitigen Welt jederzeit auf ein Tier treffen, welches man irgendwann einmal getötet hatte. Daher brauchte es ritualisierte Gesten, bei denen die Beutetiere um Entschuldigung gebeten wurden. Dabei traten als Mittler zwischen der diesseitigen und der jenseitigen Welt irgendwann auch professionelle Helfer, die Schamanen, auf. Nicht selten wurden als Geste der Wertschätzung und Entschuldigung gegenüber dem Beutetier bestimmte Körperteile (etwa Schädel oder große Röhrenknochen) aufbewahrt und in Ehren gehalten. Verschiedene Autoren gehen davon aus, dass das ehrende Aufbewahren der Jagdtrophäen bis heute einen Atavismus aus dieser Zeit darstellt.

Die Menschen in dieser Zeit lebten oft nomadisch und folgten ihren Beutetieren in deren jahreszeitliche (also Sommer- bzw. Winter-) Lebensräume. Allerdings waren sie damit keineswegs allein. Den Jägergruppen folgten ihrerseits Wölfe, welche sich ebenfalls von Wildtieren, aber auch von den Abfällen der menschlichen Jäger ernährten. Dies führte sicherlich zu Konflikten, zu Streitigkeiten um die Beute, aber wohl auch zum Beginn einer symbiotischen Beziehung, an deren Ende der Haushund als ein domestizierter und damit in die menschliche Gesellschaft integrierter Wolf stand. Dazu im Kapitel 2 mehr. Begonnen hat die Interaktion zwischen den beiden Spezies womöglich durch gegenseitige Beobachtung, verbunden mit einer Mischung aus Neugier und Respekt.

War ein Frühmensch vor drei oder vier Millionen Jahren in der afrikanischen Savanne noch eine leichte Beute für große Prädatoren (Raubtiere, wie z. B. Leoparden, Löwen oder Hyänen), so konnte sich eine Jägergruppe des sog. „Heidelbergmenschen“ *(Homo heidelbergensis,* lebte vor etwa 600 000 bis 200 000 Jahren, Vorfahre des Nean-

Abb. 3: Die Jagd auf große Beutetiere in der Gruppe haben Wölfe wie Menschen ähnlich in der Evolution entwickelt. (MacNulty, Tallian, Stahler, Smith)

dertalers) oder des späteren *Homo sapiens* einer Raubtierattacke, etwa durch Wölfe, durchaus erwehren. Über Jahrtausende führte solch eine Situation somit zu Lern-, aber auch genetischen Anpassungsprozessen auf beiden Seiten. Wir sprechen daher auch von einer Koevolution, also einer gemeinsamen evolutionären Entwicklung beider Arten, die sich in vielerlei Hinsicht unterscheiden, aber in vielen Dingen, wie wir noch sehen werden, auch sehr ähnlich sind.

SESSHAFTIGKEIT UND DOMESTIKATION

Eine grundlegende Änderung der Einstellungen der Menschen dem Wolf gegenüber beobachten wir mit der beginnenden Sesshaftigkeit des Menschen, also dem gesellschaftlichen Wandel von nomadischen Jäger- zu agrarisch geprägten Gesellschaften.

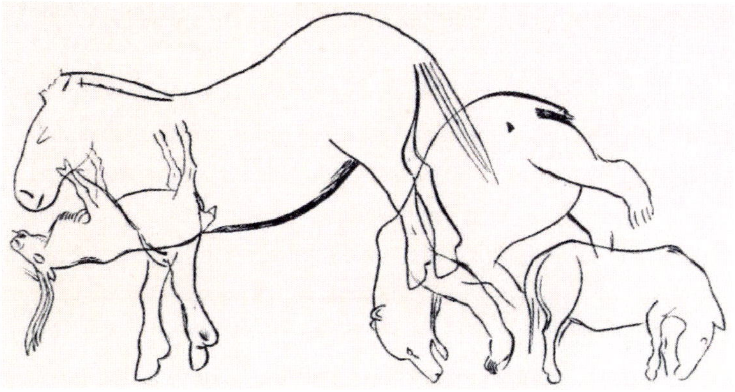

Abb. 4: Etwa 12 000 Jahre alte Felszeichnungen potenzieller Beutetiere in der Höhle von Teyjat zeugen von der Existenz eiszeitlicher Jägerkulturen.

Nun dürfen wir uns die menschliche Sesshaftigkeit keineswegs als einen fixen Zeitpunkt vorstellen, zu dem der Jäger seinen Speer beiseite stellte, den Wald rodete, sich einen Pflug schnitzte und ein Familienmitglied davorspannte, um nun das Land urbar zu machen und fortan als Bauer sein Dasein zu fristen.

Vielmehr handelt es sich dabei um einen Zeitraum von mehreren Jahrtausenden. Von daher ist auch der oftmals verwandte Begriff der „Neolithischen Revolution" nicht ganz korrekt. Es handelte sich eher um eine evolutive Entwicklung, beginnend vor etwa 12 000 Jahren. Steigende und möglicherweise stabilere Temperaturen in den folgenden Jahrtausenden schafften die Voraussetzungen.

Begonnen hat diese Entwicklung nach unserem heutigen Kenntnisstand im „fruchtbaren Halbmond", einem Landstrich zwischen Mittelmeer und Persischen Golf, der Teile des heutigen Israel, Syrien, der Türkei sowie des Iran und Irak umfasst. Hier wuchsen zahlreiche Gräser, welche in der Folgezeit kultiviert werden konnten und die Vorläufer der heutigen Getreidesorten darstellen. Die Sesshaftigkeit ist für das Verhältnis von Mensch und Wolf deshalb von so großer

Bedeutung, weil viele heutige Phänomene des Zusammenlebens beider Arten in dieser Phase ihren Ursprung haben.

Der Sesshaftigkeit folgte die Domestikation von Wildtieren (vgl. auch Kapitel 2). Mit zunehmender Haustierhaltung verlor insbesondere die Jagd an Bedeutung. Stattdessen bildeten die Haustiere, neben den Erträgen des Ackers und der Fischerei, die wichtigste Lebensgrundlage. Nachdem der Wolf bereits viele Jahrtausende zuvor gezähmt und später als Hund domestiziert (vgl. auch Kapitel 2) wurde, folgten mit der Sesshaftigkeit der Menschen alsbald zunächst Schaf und Ziege, später Wildschwein und Ur („Auerochse", der Vorfahr heutiger Rinder).

Den Sommer über weideten die Haustiere im Wald, im Winter wurden diese zum großen Teil geschlachtet. Stallhaltung über den Winter war nicht einfach. Bis ins 19. Jahrhundert (Entwicklung des Kunstdüngers) reichten die Früchte der Äcker nicht aus, auch das Vieh mit zu ernähren. Dieses wurde zur Weide in die Wälder getrieben und im Winter mit Laubheu ebenfalls aus den Wäldern gefüttert[67]. Haushunde waren im Siedlungsbereich bereits früh regelmäßige

Abb. 5: Nachbau eines neolithischen Langhauses, in dem Menschen und Vieh zusammenlebten (Sarah Coesfeld)

Begleiter des Menschen und dienten als Helfer bei der Jagd, beim Hüten des Viehs, zur Warnung vor und Verteidigung gegen Wildtiere und in schlechten Zeiten immer wieder auch als Nahrung.

Wölfe waren demgegenüber nicht länger geduldete, lose assoziierte Begleiter nomadischer Lebensformen, sondern sie wurden, neben Luchs und Braunbär, zur unmittelbaren Bedrohung der nun vorherrschenden ökonomischen und sozialen Strukturen. Diese Bedrohung galt vor allem den Nutztieren als unentbehrlicher Nahrungsgrundlage für den Winter, aber durchaus auch den Menschen selbst, insbesondere den Kindern, welche das Vieh hüteten.

Nicht alle Regionen der Erde eignen sich für die dauerhafte lokale Bewirtschaftung des Landes. Parallel zum Sesshaftwerden entwickelten sich daher mit der Entstehung der Haustiere an verschiedenen Orten der Erde auch viehhaltende nomadische Gesellschaften. Die Menschen zogen mit ihren Herden den Weiden bzw. dem Wasser hinterher. Beispielsweise entstanden in der heutigen Mongolei vor rund 4000 Jahren nomadische Hirtengesellschaften, welche auf Pferdezucht sowie der Haltung vor allem von Schafen, Ziegen und Kamelen basierten. Auch für diese nomadischen Gesellschaftsformen stellten Wölfe eine stetige Bedrohung ihrer wirtschaftlichen Basis dar, wenngleich, wie wir in Kapitel 3 noch sehen werden, gerade in diesen Ethnien Wölfe eine durchaus ambivalente Rolle spielen können.

2. AUF DEN HUND GEKOMMEN

Die Domestikation des Wolfes stellt einen außerordentlich wichtigen Meilenstein in der Jahrmillionen währenden Geschichte der Menschheit dar. Wir gehen heute davon aus, dass der Hund das erste Haustier des Menschen war. Wir können annehmen, dass bereits während der letzten Eiszeit bzw. Kaltzeit, welche vor etwa 110 000 Jahren begann, regelmäßig Kontakte zwischen Wölfen und nomadischen Jägergruppen bestanden (vgl. Kapitel 1), welche sich Lebensraum und Nahrungsressourcen teilten. Unklar ist jedoch, wie genau der Domestikationsprozess im Einzelnen seinen Ausgang nahm.

VON DER ZÄHMUNG ZUR DOMESTIKATION

Möglicherweise war es ein verwaister Wolfswelpe, den die Kinder fingen und mit ins Lager brachten. Selbst heute noch können wir uns gut vorstellen, wie die Erwachsenen missbilligend den Kopf schüttelten: „Nein, kein weiteres Wesen, welches durchgefüttert werden muss! Der Wolf wird gegessen, basta." Und dann setzten sich die Kinder vielleicht doch durch, behielten den kleinen Wolf, der sich schnell sozialisierte und gut in die Gruppe integrierte.

Doch nicht nur das: Es fiel auf, dass der Wolf ausgesprochen nützliche Eigenschaften, vor allem einen hervorragenden Geruchssinn, hatte, die sich bald auszahlen sollten. Ob sich das so abgespielt hat? Wir wissen es nicht. So oder ähnlich könnte es aber gewesen sein. Danach fingen dann Menschen vielleicht gezielt Wolfswelpen, um sie zur Jagd zu nutzen. Das hat noch nichts mit Domestikation zu tun, die Tiere wurden zunächst lediglich gezähmt.

Zähmung und Domestikation

Die beiden Begriffe „Domestikation" und „Zähmung" betreffen die menschliche Einflussnahme auf Wildtiere. Sie werden oft miteinander verwechselt, obwohl beide Begriffe recht unterschiedliche Sachverhalte beschreiben.
Den Begriff des Zähmens erklärt uns der Fuchs im „Kleinen Prinzen" von Saint-Exupery sehr einprägsam. Auf die Frage, was Zähmen sei, antwortet er: „Es bedeutet, Bindungen zu schaffen." Ein Wildtier entwickelt eine Bindung zu einem Menschen, oft aufgrund regelmäßiger Futtergaben, wir sprechen dann von „Futterzahmheit".
Gelegentlich werden Tiere aber auch durch reine Gewöhnung zahm, sie erleben, dass ihnen seitens des Menschen kein Unheil widerfährt und nähern sich immer weiter an, werden neugierig und richten ihre Gewohnheiten immer mehr an denen des Menschen aus. Sie bleiben aber immer Wildtiere und werden nie zu echten Haustieren. Wenn beispielsweise Enten an einem städtischen Gewässer regelmäßig gefüttert werden, so werden sie futterzahm. Sie bleiben aber immer Wildenten. Die Haustierwerdung ist demgegenüber ein über viele Jahrhunderte, oft Jahrtausende dauernder Prozess, der oftmals mit der Zähmung beginnt. Danach erfordert die Domestikation aber eine gezielte Beeinflussung des Paarungssystems der Tiere, d. h., der Mensch legt über viele Generationen hinweg fest, welches Tier sich mit welchem paaren darf.

Auf diese Weise werden bestimmte Eigenschaften gezielt gefördert (sofern diese zumindest teilweise genetisch bedingt sind), andere unterdrückt. So bildet sich über die Generationen meist auch ein vom ursprünglichen Wildtier abweichendes Erscheinungsbild (Phänotyp) heraus, welches auf die durch die züchterischen Eingriffe bedingten genotypischen Veränderungen zurückzuführen ist. Der Blick auf die Vielfalt der heutigen Hunderassen, die letztlich vom Wolf abstammen, zeigt, wie wirksam Domestikation und die letztlich die mit der Domestikation eng verbundene Züchtung sein kann.
Eine reine Haltung als z. B. landwirtschaftliches Nutztier, auch über Generationen, bedingt allein noch keine Domestikation. So sind die skandinavischen Rentiere, welche landwirtschaftlich genutzt werden, oder auch diejenigen Hauskatzen, welche auf dem Bauernhof frei leben und sich vermehren, nicht domestiziert, sondern lediglich gezähmt. Umgekehrt müssen domestizierte Tiere nicht immer zahm sein. So gibt es etwa in Südosteuropa verwilderte Hunde, welche abseits der Zivilisation leben und deutlich scheuer als Wölfe sein können.

Später erkannte man, dass einzelne Tiere besondere Eigenschaften hatten, besser als andere das Wild aufspürten oder gelehriger waren. Diese Tiere behielt man, sie wurden besonders gepflegt und hatten dadurch auch mehr Nachkommen mit ähnlichen Eigenschaften. Damit begann die Domestikation, welche auch die Selektion bestimmter erwünschter Eigenschaften zur Folge hatte.

Eine andere Hypothese geht davon aus, dass die Entwicklung der menschlichen Gemeinschaften der Jungsteinzeit hin zur Sesshaftigkeit ausschlaggebend gewesen sein könnte: Menschliche Siedlungen mit ihrem großen Nahrungsangebot in Form menschlicher Abfälle waren für Wölfe in hohem Maße attraktiv[42]. Die Wölfe hätten sich auf diese Weise dem Menschen immer weiter angenähert und sich dadurch, vereinfacht ausgedrückt, „selbst domestiziert".

Abgesehen davon, dass ein solcher Prozess zunächst noch keine Domestikation bedeutet (vgl. Kasten), spricht gegen diese Hypothese, dass mit der Sesshaftigkeit der Menschen auch die Animosität des Menschen gegenüber Wölfen deutlich gewachsen sein dürfte (vgl. Kapitel 1). Es ist daher eher fraglich, ob Wölfe zu dieser Zeit überhaupt noch in der Nähe menschlicher Siedlungen toleriert wurden.

Die Selektion bestimmter Eigenschaften ist die Grundlage beider Hypothesen und erklärt, wie sich in kleinen Schritten, Generation um Generation, unsere heutigen Hunde entwickelt haben. Im Zuge dieser Entwicklungen kamen die Hunde auch immer besser mit einer (verglichen mit der eher fleischreichen Ernährung von Wölfen) kohlenhydratreicheren Nahrung zurecht.

DER GENETISCHE FLASCHENHALS

Der Prozess der Domestikation beeinflusste nicht nur das Aussehen, die physiologischen Eigenschaften oder das Verhalten des Hundes. All diesen Merkmalen liegen auch Veränderungen in den genetischen Eigenschaften zugrunde. Aus den Vorfahren der Hunde, die in der Wildnis lebten, wurden Tiere, die sich durch ihre Anpassungsfähigkeit an den menschlichen Lebensraum zunehmend vom ursprünglichen Wildtier unterschieden.

Hunde entwickelten sich zu einem der vielfältigsten Haustiere. Heute existieren weltweit Hunderte unterschiedlicher Hunderassen, die für spezifische Aufgaben wie Jagen, Wachen, Hüten, Aufspüren, Ziehen oder Tragen von Lasten und in jüngerer Zeit auch als Therapie- und Begleithunde gezüchtet wurden.

Trotz der morphologischen Vielfalt und Fülle der Verhaltens- und Charaktereigenschaften unserer Hunde ist während des Domestikationsprozesses offenbar ein Teil der ursprünglichen genetischen

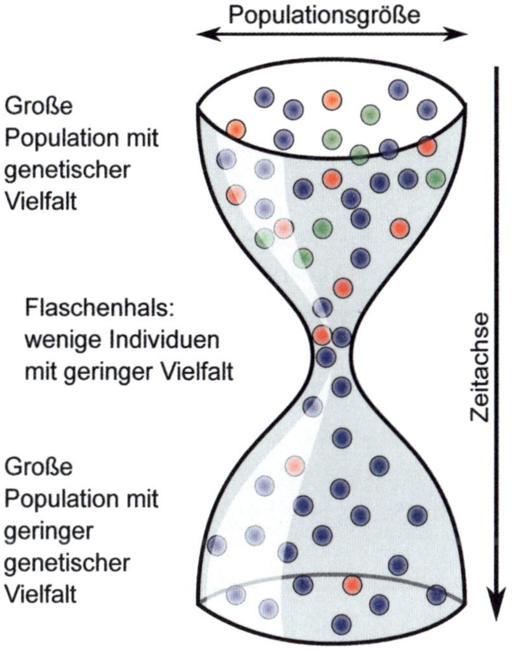

Abb. 6: „Genetischer Flaschenhals": Durch Reduktion des Populationsumfanges oder Entnahme einer kleinen Gruppe von Individuen aus einer Population kommt es zur Reduktion der genetischen Vielfalt (Armin Kübelbeck).

Vielfalt des Wolfes bei der Unterart Haushund (*Canis lupus familiaris*) verloren gegangen. Dies liegt daran, dass aus der großen Wolfspopulation immer wieder einzelne Individuen gezähmt wurden, mit denen später auch gezielt weiter gezüchtet wurde. Diese bilden allerdings nur eine kleine Auswahl aus der großen Gesamtheit aller Wölfe. Wir sprechen dabei von einem sogenannten „genetischen Flaschenhals" (vgl. Abb. 6).

Darauf geben molekularbiologische Untersuchungen heutiger Hunde[93] Hinweise. Nach Ansicht der Autoren dieser Studie ist während der Domestikationsgeschichte des Wolfes zweimal ein solcher genetischer Flaschenhals aufgetreten: zum einen sehr früh, als wenige

Wolfsindividuen in menschliche Obhut gerieten, zum anderen seit dem 18. oder 19. Jahrhundert durch die zunehmende Rassehundezucht.

Ein interessanter Aspekt der Domestikation und späteren gezielten Zucht von Hunderassen ist derjenige ängstlicher (Fluchttendenzen) und aggressiver Verhaltensweisen. Während Wölfe von Natur aus eine gewisse Scheu vor dem Menschen mitbringen[178], welche allerdings durch Lernprozesse überwunden werden kann, sind Hunde deutlich vertrauter und zeigen ein weniger ausgeprägtes Fluchtverhalten.

Eine durch züchterische Auslese bei einigen Hunderassen zusätzlich geförderte Aggressivität, aber auch die generell größere „Gelassenheit", mentale Ausgeglichenheit und Nervenstärke sind typische Merkmale unserer Hunde, auf die wir später noch einmal zu sprechen kommen.

DIE TRENNUNG VON WOLF UND HUND

Evolution ist immer ein langer Prozess, sodass wir keinen definierten Zeitpunkt angeben können, ab dem sich die beiden Entwicklungslinien von Wolf und Hund trennten, d. h., wann sich die im Umfeld der Menschen lebenden Wölfe so weit verändert hatten, dass wir (z. B. anhand von Skelettmerkmalen) von einem Hund sprechen können. Die Trennung der beiden Unterarten erfolgte vermutlich frühestens vor etwa 100 000 Jahren und spätestens vor rund 15 000 Jahren[170].

Wir müssen dabei davon ausgehen, dass die Domestikation des Wolfes zum Hund in unterschiedlichen Regionen ihren Ausgang nahm und auch in sehr unterschiedlichen Zeiträumen erfolgte. Bis heute kam und kommt es auch regelmäßig zu Auskreuzungen, d. h. Wölfe und Haushunde paaren sich oder werden bewusst miteinander gekreuzt. Schwerpunkte des Beginns der Domestikation des Wolfes werden von unterschiedlichen Wissenschaftlern aufgrund molekularbiologischer Methoden in unterschiedlichen Teilen Asiens vermutet[51, 131, 172]. Auch Fossilfunde geben uns Hinweise auf die gemeinsame Evolution von Menschen, Wölfen und Hunden. Dass in Mitteleuropa im Spätglazial bereits Hunde existierten, zeigt uns eindrucksvoll das sog. „Grab von Oberkassel".

Im Jahre 1914 wurde dieses in dem heutigen gleichnamigen Bonner Stadtteil entdeckt. Es handelt sich um eine Begräbnisstätte, deren Alter etwa auf 13 000 bis 14 000 Jahre geschätzt wird. Das Grab enthielt u. a. die sterblichen Überreste eines alten Mannes, einer jungen Frau und eines Hundes. Wir können davon ausgehen, dass, den Gepflogenheiten der Zeit entsprechend, die Frau und der Hund dem Mann in den Tod folgen mussten.

Bezüglich der Fragen zur Domestikation des Wolfes bedeutet dieser Fund, dass zu jener Zeit bereits morphologisch klar unterscheidbare Haushunde in Mitteleuropa als enge Begleiter und vermutlich persönliches Eigentum der damaligen Menschen existierten. Dies lässt auf einen bereits deutlich früher einsetzenden Domestikationsprozess schließen. Auch in Israel fand man gemeinsam mit Menschen bestattete Relikte eines Hundes, welche auf etwa 11 000 bis 12 000 Jahre geschätzt wurden[46]. Aus dem sibirischen Altai-Gebirge stammt der Fund eines Caniden, der ebenfalls einem Hund entsprechen könnte[52, 129]. Dieser ist immerhin etwa 33 000 Jahre alt.

ART, UNTERART, RASSE

An verschiedenen Stellen war bereits die Rede davon, dass es sich bei Wolf und Haushund um zwei Unterarten ein und derselben Art handelt. Die korrekte wissenschaftliche Bezeichnung der Art lautet „*Canis lupus*", die Unterart (Subspecies) wird durch einen weiteren Na-

Abb. 7: Auch der Australische Dingo ist eine Unterart des Wolfes (Canis lupus).

mensbestandteil bezeichnet, beim Haushund „*Canis lupus familiaris*“, beim Wolf etwa „*Canis lupus lupus*“ für den Eurasischen, „*Canis lupus lupaster*“ für den Ägyptischen Wolf oder auch „*Canis lupus dingo*“ (vgl. Abb. 7) für den Australischen Dingo, einen ehemaligen Haushund, der vor Jahrtausenden sekundär wieder verwilderte und heute in verschiedenen Regionen Südostasiens und in Australien als Wildtier lebt.

Allerdings müssen wir wissen, dass die Einteilung einer Tierart in Unterarten nicht wirklich operationalen Kriterien folgt und in hohem Maße von dem aktuellen wissenschaftlichen Zeitgeist und/oder denjenigen Wissenschaftlern abhängt, welche gerade in bestimmten Gremien mitarbeiten. So finden wir bei den unterschiedlichen wissenschaftlichen Autoren auch regelmäßig unterschiedliche Angaben zur Zahl und zur Bezeichnung der Unterarten[28, 125, 126, 157]. Wirklich operational ist alleine der sog. biologische Artbegriff. Dieser wird

Abb. 8: Der Tschechoslowakische Wolfshund ist eine Hunderasse, die dem Wolf noch in vielen Merkmalen ähnlich sieht (Margo Peron).

Studierenden gerne mit dem Merksatz „Was sich schart und paart, ist eine Art" nahegebracht. Das bedeutet: Zwei Individuen unterschiedlichen Geschlechts gehören genau dann zu ein und derselben Art, wenn sie sich paaren und ihrerseits fruchtbare Nachkommen zeugen können.

Neben dem biologischen Artbegriff gibt es weitere Möglichkeiten, Arten einzuteilen, so etwa nach morphologischen Kriterien oder aufgrund molekularbiologischer Befunde. Das kann in bestimmten Fällen sinnvoll sein, z. B. bei fossilen Funden oder bei Organismen, welche sich ungeschlechtlich vermehren. Für die Praxis des Artenschutzes sollte allerdings, wo immer möglich, die biologische Art maßgeblich sein.

In den vergangenen Jahren wurde viel über den Begriff der sog. „Rasse" diskutiert und dabei wurden regelmäßig biologische, soziologische sowie politische Fakten und Meinungen vermischt. Der Klarheit halber sollten wir diesen Begriff nur bei bestimmten gezüchteten Formen von Haustieren anwenden, etwa im Sinne einer Hunderasse. Dieser bezeichnet dort eine Kategorie unterhalb der Subspecies. So kennen wir von der Unterart „Haushund" eine immense Zahl und Vielfalt an Hunderassen, etwa den Deutschen Schäferhund, den Labrador Retriever, den Teckel oder Dackel, um nur einige wenige Beispiele zu nennen. Dem Wolf immer noch sehr ähnlich ist der Tschechoslowakische Wolfshund (vgl. Abb. 8), nicht zuletzt auch wegen regelmäßig stattgehabter Wolfseinkreuzungen in der Vergangenheit.

Ungeachtet der großen optischen Unterschiede zwischen etwa einem Dackel und seinem Urahnen, dem Wolf, sind sich beide genetisch nach wie vor sehr ähnlich. Weniger genetisch, aber in Teilen ihres Verhaltens und ihrer Sozialstrukturen sind sich, wie bereits erwähnt, auch Wolf und Mensch nicht ganz unähnlich: Menschen wie Wölfe leben in überschaubaren Mutterfamilien, die menschliche traditionelle Großfamilie umfasst zwischen etwa sieben und zwölf Personen, nicht viel anders als ein Wolfsrudel. Beide Arten leben territorial in Familienterritorien. Menschen wie Wölfe mussten sich im Laufe ihrer Evolution die Fähigkeiten aneignen, in der Gruppe große und sehr große Beutetiere zu jagen. Dazu haben beide hierarchische Strukturen innerhalb der Sozialverbände und die Fähigkeit zur differenzierten Kommunikation und des sozialen Lernens entwickelt.

Die innige Beziehung zwischen Mensch und Hund, die sich über Jahrtausende entwickelt hat, ist kulturell und gesellschaftlich tief verwurzelt. Hunde begleiteten den Menschen mittlerweile seit Jahrtausenden als Jagdhelfer, Wächter, Helfer beim Hüten von Weidetieren, Lastenträger sowie Spürhunde und nehmen viele weitere Aufgaben wahr. Gleichzeitig sind sie regelmäßig gut integrierte Familienmitglieder, die bei richtiger Erziehung selbst in Familien mit Kleinkindern völlig unproblematisch sind.

Wir können davon ausgehen, dass gerade diese Ähnlichkeit in den sozialen Strukturen zwischen Menschen und Wölfen die frühzeitige Domestikation (der Wolf ist nach heutigem Kenntnisstand das erste domestizierte Haustier, s. o.) deutlich erleichtert und gefördert hat. Hunde sind diejenigen Haustiere, welche sich (ganz anders als beispielsweise Hauskatzen) am besten in menschliche Gemeinschaften, insbesondere Familien, integrieren lassen. Auf diese Weise wurde der Wolf in Gestalt seiner Unterart *Canis lupus familiaris* zum festen Bestandteil menschlichen Lebens.

Im folgenden Kapitel werden wir uns auch damit beschäftigen, inwiefern das in unseren Einstellungen und Emotionen zu einer unterschiedlichen, ja möglicherweise konträren Sichtweise auf den Hund und seinen wilden Ahnen, den Wolf, geführt hat.

3. BESTIE ODER BESTER FREUND - MYTHEN UND FAKTEN

Es gibt nur wenige Wildtiere, die eine so bedeutende Rolle im kollektiven Bewusstsein der Menschen spielen wie der Wolf. Der Frage, welche Mythen und Legenden sich daraus entwickelt haben und was ggf. die faktischen Grundlagen dafür sind, wollen wir in diesem Kapitel nachgehen.

Eine wesentliche Grundlage für das besondere Verhältnis zwischen Wolf und Mensch finden wir in einer Zehntausende von Jahren alten Koevolution zwischen Menschen und Wölfen (vgl. Kapitel 1). So war der Wolf nach aktuellem Kenntnisstand das erste Haustier, mit dessen Zähmung bereits lange vor der Sesshaftigkeit des Menschen begonnen wurde. Ähnliche Sozialstrukturen begünstigten diesen Prozess (vgl. Kapitel 2).

Später mit der Sesshaftigkeit war es ein und dieselbe biologische Art, *Canis lupus*, welche einerseits als Haushund den Menschen nützlich und vielleicht sogar emotional vertraut wurde und andererseits als Wolf seine Lebensgrundlagen in ähnlicher Weise bedrohte wie Seuchen oder Naturkatastrophen. Diese Ambivalenz einer Tierart gegenüber ist einzigartig. Und genau diese Ambivalenz spiegelt sich, wie wir sehen werden, auch in vielen Mythen über Wölfe und Menschen wider.

Faszination und Angst, Bewunderung und Verachtung, Liebe und Hass sind bis heute in unseren Gefühlen dem Wolf gegenüber präsent. So haben nahezu alle menschlichen Kulturen, die mit Wölfen in Kontakt standen, diese von alters her als Projektionsflächen für menschliche Emotionen und Fantasien entwickelt. Auf diese Weise konnte immer wieder aufs Neue das doppelgesichtige Bild des Wolfes – einerseits die Lichtgestalt, andererseits die Bestie – entstehen. Inwieweit diese konträren Bilder auch allegorisch ein Spiegelbild des Menschen selbst darstellen, wäre eine interessante Frage, der wir hier nicht weiter nachgehen wollen.

HOHE SYMBOLKRAFT

Beginnen wir einmal einfach: Leider gibt es keine umfassende Statistik, in der Orts- und Flurnamen nach Häufigkeit von Tiernamen ausgewertet werden. Doch erscheint der Begriff „Wolf" in diesem Kontext außerordentlich häufig, nach ersten Stichproben deutlich häufiger als etwa Biber, Bär oder Fuchs. Hierin dürfte schon zum Ausdruck kommen, dass die Beobachtung eines Wolfes (etwa im Gegensatz zum Fuchs) einerseits etwas Eindrucksvolles und Besonderes für die Menschen darstellte, die Art andererseits aber auch häufiger als andere „ikonische" Arten wie Biber oder Bär zu beobachten war.

Gelegentlich leiten sich Ortsnamen aber auch aus Vor- oder Nachnamen von Gründern eines Gemeinwesens oder bedeutenden Grundbesitzern her. Das leitet zum nächsten Thema über, die Bezeichnung „Wolf" in Vor- oder Nachnamen. Hierbei dürfte es meist nicht um die schlichte Präsenz oder häufige Beobachtung von Wölfen gehen. Vielmehr ist es hier die hohe Symbolkraft des Wolfes (s. u.), welche Menschen veranlasst, sich Namen wie „Wulf", „Wilk", „Wolfgang", „Wolfram", „Wolfrath" oder schlichtweg „Wolf" zu geben. Tapferkeit

Abb. 9: Wappen derer von Wolf, eines alten thüringischen Adelsgeschlechts im Eichsfeld (zwischen 13. und 16. Jahrhundert)

und Stärke sind wohl die Eigenschaften, welche die Namen symbolisieren sollen. Eine entsprechend große Rolle spielt der Wolf auch in der Heraldik (vgl. Abb. 9).

Überall, wo der Wolf heimisch war oder ist, begegnen wir ihm auch als Gegenstand von Volksglauben, Aberglauben eingeschlossen. Wölfe sind Protagonisten und Antagonisten und manchmal auch tragische Gestalten zahlreicher literarischer Werke sowie mündlicher Überlieferungen und Sagen. Sie sind als Motive in bildender Kunst ebenso wie in der Musik vertreten oder werden als Totemtiere von nordamerikanischen Indigenen verehrt (s. u.).

Die Rolle des Wolfes im kulturellen Erbe Europas, Asiens und Nordamerikas ist immens, bereits ihre oberflächliche Darstellung würde mehrere Bücher füllen. Wir können uns daher im vorliegenden Kapitel lediglich anhand einiger Beispiele der Frage nähern, welches Bild sich die Menschen vom Wolf machten und machen, sei es ein positives, ein neutrales oder ein negatives, und welche Rolle dieses im jeweiligen kulturellen Erbe spielt.

Bereits im Gilgamesch-Epos, einem der ältesten überlieferten schriftlichen Werke, welches aus dem zweiten Jahrtausend vor Christi Geburt aus dem heutigen Kleinasien stammt, taucht der Wolf symbolhaft auf. Enkidu, ein in den Wäldern lebender Mensch, wird als eine Art Gegenpol zu Gilgamesch, der die menschliche Zivilisation verkörpert, eingeführt. Er lebt zivilisationsfern unter Tieren, wobei die Wölfe möglicherweise sein ungezähmtes Leben widerspiegeln. An anderer Stelle in diesem Epos wird ein Schäfer von der Göttin Ischtar in einen Wolf verwandelt (Tafel 6, Vers 58–61), wobei allegorisch der Wolf auch hier wieder für das Wilde und Unzivilisierte zu stehen scheint.

Im alten Ägypten galt der Wolf, ebenso wie der Hund oder der Schakal, als Symbol des Kriegs- und Totengottes Upuaut, auch Wepwawet oder Ophois genannt.

Abb. 10: Der Wolf ist ein beliebtes Motiv in der Malerei, sehr häufig taucht er etwa im Werk des polnischen Malers Alfred Wierusz-Kowalski (1849–1915) auf, hier in einem Gemälde von 1915.

Abb. 11: Upuaut und Anubis (links im Bild) werden oft mit Schakal-, Hunde- oder Wolfskopf dargestellt. (Brooklyn Museum)

Upuaut und Anubis (der Gott des Totenkultes) sind zwei ägyptische Gottheiten, die oft miteinander in Verbindung gebracht werden, insbesondere in Bezug auf den Tod und das Jenseits. Beide werden oft mit Schakal- oder Hundeköpfen (vgl. Abb. 11) oder in Hundegestalt, Upuaut auch als Wolf, dargestellt.

Die Griechen, welche den Upuaut „Ophois" nannten, deuteten ihn als Wolf und nannten das Zentrum seines Kultes Lykopolis, die Wolfsstadt.

DER WOLF BEI GRIECHEN UND RÖMERN

Machen wir einen zeitlichen Sprung über mehr als ein Jahrtausend, so finden wir ebenfalls eine Verwandlung in Wölfe: In Ovids „Metamorphosen", welche auf die griechische Mythologie zurückgreifen, wird berichtet, dass der Göttervater Zeus den tyrannischen König Lykaon von Arkadien zusammen mit dessen 50 Söhnen in Wölfe verwandelt. Dies war nicht zuletzt die Strafe dafür, dass Lykaon den in Menschengestalt bei ihm erschienenen Zeus heimlich mit Menschenfleisch bewirtet hatte. Hier dürfte wieder die Unzivilisiertheit und Wildheit der Wölfe sinnbildlich als Strafe für einen ebenso unzivilisierten Menschen stehen.

Auch regelmäßige Verwandlungen in Wölfe und Rückverwandlungen in Menschen (ähnlich den mitteleuropäischen Vorstellungen von Werwölfen, s. u.) werden bereits seit der Antike berichtet. So beschreibt der griechische Historiker Herodot ferne furchterregende Länder, in denen sich Menschen regelmäßig in Wölfe verwandeln.

Im Übrigen finden wir in der griechischen Mythologie recht wenig über Wölfe. Aphrodite (die Göttin der Liebe) wird gelegentlich in Begleitung eines Wolfes beschrieben, und das Heiligtum des Apollon (Gott des Lichtes) in Delphi soll einmal durch einen Wolf gegen einen Dieb verteidigt worden sein.

Der domestizierte Vetter des Wolfes, der Hund, taucht hingegen an sehr prominenter Stelle auf: als Kerberos (griechisch Κέρβερος), im Lateinischen Cerberus, ist er der Hüter des Eingangs zum Totenreich. Dort trägt er dafür Sorge, dass lebende Menschen dort nicht hinein- und die Toten nicht herauskommen. Cerberus wird meist mit drei, gelegentlich auch mehr Köpfen dargestellt (vgl. Abb. 12).

Nun haben es verschiedene Helden in der Sage durchaus geschafft, den Wachhund zu überwinden. Herakles (Ηρακλῆς), lateinisch Hercules, mit Gewalt, Orpheus, der seine Frau Eurydike zurückholen

Abb. 12: Herakles und Cerberus. Druck von Heinrich Aldegrever (geb. 1502) aus dem Jahre 1550

wollte, durch Gesang und Lyraspiel. Die Göttin Psyche konnte den Hund mit Honigkuchen überreden, sie hinein- und auch wieder hinauszulassen, und die Seherin Sibylla verwendete ebenfalls Honigkuchen, allerdings mit einem Schlafmittel versetzt, als sie Aeneas bis zum Eingang zur Unterwelt begleitete. Wir sehen, dass Cerberus im

„Wolfskinder“

In zahlreichen Sagen, aber auch in der belletristischen Literatur wird seit vielen Jahrhunderten immer wieder das Motiv von sog. „Wolfskindern“ aufgegriffen. Gemeint sind Kinder, welche ausgesetzt oder als Waisen von Tieren, oftmals Wölfen, aufgezogen wurden und denen nicht selten besondere Leistungen oder Fähigkeiten zugeschrieben wurden.

Neben der Geschichte von Romulus und Remus, den mythischen Gründern des römischen Weltreiches, finden wir z. B. auch eine chinesische oder zentralasiatische Sage, die sog. „Asena-Legende“. Sie berichtet von einem Kind als einzigem Überlebenden seines Stammes. Der Junge wird von einer Wölfin aufgezogen, und später zeugt dieser mit der Wölfin zehn Nachkommen, die wiederum zehn türkische Stämme begründen.

Bei verschiedenen Turkvölkern gilt der Wolf bis heute als heiliges bzw. Totemtier.

In der Belletristik ist sicher Rudyard Kiplings Mowgli aus dem Dschungelbuch (1894) eines der bekanntesten Wolfskinder.

Aber auch die Wissenschaft ebenso wie die öffentliche Meinung beschäftigt sich bereits seit Jahrhunderten immer wieder mit Kindern, welche zumindest zeitweise isoliert von anderen Menschen aufwuchsen, möglicherweise von Tieren adoptiert wurden und deren Verhalten und evtl. auch Physiognomie sich infolgedessen deutlich von normal sozialisierten Kindern unterscheidet[101, 159, 174]. Historisch sind mehrere Dutzend solcher Fälle dokumentiert. Nach heutigem Kenntnisstand handelt es sich bei den beschriebenen Symptomen allerdings eher um bestimmte Formen geistiger Behinderung, psychischer Erkrankung oder auch Isolation und fehlender elterlicher Fürsorge über lange Zeiträume. Dennoch kann in einigen Fällen auch eine Aufzucht durch Hunde oder Wölfe nicht ganz ausgeschlossen werden.

Grunde eine recht positiv konnotierte Sagenfigur darstellt, ein Hund, der seine Aufgabe erfüllt, aber wie die meisten Hunde gelegentlich nicht ganz unbestechlich ist.

Ein wenig anders sieht es bei den Römern aus. Im Gründungsmythos der Stadt Rom und letztlich des römischen Weltreichs spielt eine Wölfin eine zentrale Rolle: Die Geschichte beginnt mit König Numitor von Alba Longa, einer Stadt in Latium, der durch seinen Bruder Amulius im Jahre 770 v. Chr. gestürzt wurde. Numitor hatte eine Tochter, Rhea Silvia, deren männliche Nachkommen weiterhin Anspruch auf den Thron hatten, sodass Amulius sie zur Vestalin machte, die als jungfräuliche Priesterin ein Keuschheitsgelübde ablegen musste.

Nun geschah es trotzdem, dass sie vom Kriegsgott Mars persönlich schwanger wurde und Zwillinge zur Welt brachte, Romulus und Remus. Amulius ließ diese in einer Kiste auf dem Tiber aussetzen, wo die Kinder ans Ufer getrieben und von einer Wölfin gefunden wurden. Die Wölfin säugte die hilflosen Kinder liebevoll. Später wurde ein Hirte namens Faustulus auf die Zwillinge aufmerksam und nahm sie bei sich auf.

Als die Brüder erwachsen waren, erfuhren sie ihre wahre Herkunft und beschlossen, ihren Großvater Numitor zu befreien und Alba Longa zurückzuerobern. Mit Hilfe einiger treuer Gefolgsleute stürzten sie Amulius und setzten ihren Großvater wieder auf den Thron. Später kam es wie es kommen musste, die Brüder gerieten in Streit und Romulus erschlug seinen Bruder Remus.

Je nach Version der Sage ist entweder der Ort dieser Bluttat oder aber die Stelle, an der die Wölfin die Zwillinge fand, der Ort, an dem Rom gegründet wurde.

Das römische Luperkalienfest bezieht sich auf den Herdengott Faunus, der den Beinamen Lupercus („Wolfsabwehrer“) führte und am Palatin in Rom ein Heiligtum (Lupercal) besaß[174]. Die in Rom bis in die Spätantike gepflegten Gebräuche der Luperkalien stehen in

Abb. 13: Etruskische Bronzestatue aus dem 5. Jahrhundert v. Chr. (Kapitolinische Museen, Rom). Die Zwillinge Romulus und Remus werden von einer Wölfin aufgezogen.

engem Bezug zur Fruchtbarkeit des Landes, der Stadt, ihrer Einwohner und ihrer Herden. Die Luperkalien vereinen in interessanter Weise das Bild des Schutzes der Herden (gegen Wölfe) einerseits, aber auch (wohl seit Kaiser Augustus) die Verehrung der Wölfin, welche Romulus und Remus aufzog, andererseits. Somit hatte der Wolf bereits in der griechischen und römischen Antike die zwei Gesichter, die sich, wie wir noch sehen werden, durch die Jahrhunderte in unterschiedlichen Kulturen und an unterschiedlichen Orten immer wieder zeigten.

Interessant ist allerdings, dass gerade in der römischen Zivilisation der Mythos von der guten Wölfin in den folgenden Jahrhunderten und in einem Weltreich, welches sich über drei Kontinente erstreckte, aufrechterhalten und ausgebaut wurde. Bis heute gilt in Italien die Wölfin als Symbol mütterlicher Aufopferung, aber ebenso der Fruchtbarkeit bis hin zur Prostitution: Ein Bordell heißt bis heute im Italienischen *„il lupanare"*.

NORDISCHE MYTHOLOGIE, TURKVÖLKER, PALÄSTINA UND ARABISCHE HALBINSEL

In der nordischen Mythologie[136, 158], etwa der Edda, findet sich die Gestalt des Fenrir oder Fenriswolfes, eines riesigen Wolfes bzw. Wolfsmenschen. Er gilt als Nachkomme der Riesen Loki und Angrboda.

Die Götter sahen im Fenriswolf eine große Gefahr und brachten ihn daher nach Asgard, ihrer mythischen Burg, um ihn kontrollieren zu können. Das zunächst harmlos erscheinende Tier wuchs zu enormer Größe heran. Die Götter beschlossen daher, den Fenriswolf für alle Zeiten zu fesseln. Nachdem er bereits zwei schwere Ketten zerrissen hatte, kam die magische, von Zwergen gesponnene Fessel Gleipnir in Gestalt eines einfachen Fadens zum Einsatz (vgl. Abb. 14). In diesem Zusammenhang verlor der Kriegsgott Tyr zwar seine rechte Hand, doch der Wolf blieb zunächst gefesselt und konnte sich erst in der Zeit des Weltunterganges (Ragnarök) befreien, um die Götter zu bekämpfen und den höchsten Gott Odin zu verschlingen. Durch Vidar, Odins Sohn, konnte der Fenriswolf schließlich überwunden und getötet werden.

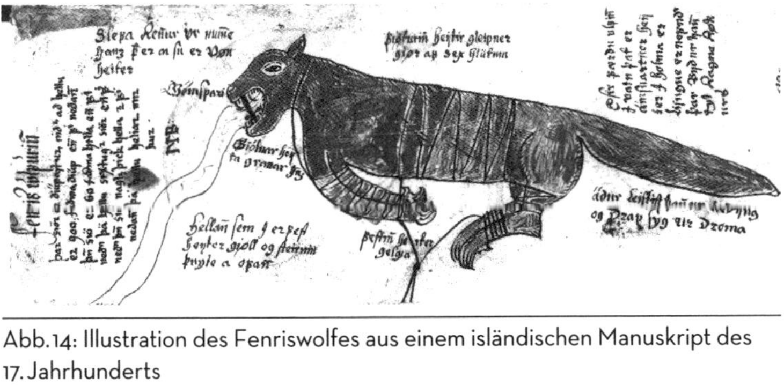

Abb. 14: Illustration des Fenriswolfes aus einem isländischen Manuskript des 17. Jahrhunderts

Abb. 15: Odin mit seinen beiden Wölfen Geri und Freki. Aus einer Ausgabe der Edda von 1880

Dem Fenriswolf werden auch Nachkommen zugeschrieben, seine Zwillingssöhne sind Skoll und Hati. Diese beiden Wölfe verfolgen Sonne und Mond durch den Himmel, um sie zu verschlingen. Dies gelingt ihnen allerdings erst beim großen Weltenbrand und Untergang der Welt, Ragnarök, sodass sich Himmel und Erde verdunkeln.

Doch kennt die nordische Mythologie nicht nur negativ konnotierte Wolfsgestalten. Geri und Freki sind die beiden Wölfe, die, ebenso wie die beiden Raben Hugin und Munin, den Göttervater Odin stets begleiten[94, 158]. Sie fressen in Walhall die Speisen Odins, der sich der Sage nach nur von Wein ernährte, Fleisch und Met verschmähte und damit offenbar ein Vorläufer unserer heutigen Veganer war.

Auch die Herrschergeschlechter zahlreicher Turkvölker leiten ihre Abstammung von Wolfsgestalten her (vgl. auch Kasten „Wolfskinder“). So gibt es eine enge Verbindung zwischen Wölfen und der mongolischen Kultur, wobei der Wolf in mongolischen Mythen als Stammvater der Mongolen und als Manifestation des Gottes Tenger gilt. Dschingis Khan etwa führte seine Abstammung und diejenige seines Volkes auf einen Wolf und eine Hirschkuh zurück, wie es die „Geheime Geschichte der Mongolen“, ein Volksepos, berichtet[161]. Gleichzeitig – und auch hier wieder die deutliche Ambivalenz – sind Wölfe in der mongolischen Hirtenkultur ausgesprochen verhasst und werden erbarmungslos verfolgt.

Begeben wir uns nach Palästina und auf die arabische Halbinsel. Hier ist es vor allem das Alte Testament, welches den Wolf als Symbol und Inkarnation des Bösen sieht. Bekannt ist beispielsweise die Aussage im Buch Hesekiel (22,27): „Die Oberen in seiner Mitte sind wie reißende Wölfe, Blut zu vergießen und Menschen umzubringen um ihrer Habgier willen.“ Im Neuen Testament verwendet etwa die Bergpredigt das negative Bild des Wolfes (Matthäus 7,15): „Hütet euch vor den falschen Propheten, die in Schafspelzen zu euch kommen – darunter aber sind reissende Wölfe!“

Im Koran finden sich keine Anhaltspunkte, dass der Wolf (der in der Region bis heute immer präsent war) eine besonders positive oder negative Rolle spielt. Allerdings finden wir die Gestalt des Hundes Qitmir, welcher die früheren Menschen bewachte, indem er vor ihrer Höhle lag. Die Zuordnung des Hundes als „unrein“ erfolgt im Übrigen nicht im Koran selbst, sondern in späteren Auslegungen.

Totemismus und Totempfähle

Totemismus[90] ist ein ethnologischer oder religionswissenschaftlicher Begriff, welcher unterschiedliche gesellschaftliche Konzepte bzw. religiöse Vorstellungen umfasst, in denen Menschen mit unterschiedlichen Naturerscheinungen (Tiere, aber auch Pflanzen, Berge, Quellen u. a.) metaphysisch verbunden sind. Diesen sog. Totems kommt dabei eine große identitätsstiftende Bedeutung zu. Totemismus findet sich in den unterschiedlichsten Kulturen und Ethnien weltweit. Der Begriff „Totem" wird häufig auf die Begriffe „*ototeman*" („Geschwister", „Blutsverwandte" in der Ojibwe-Sprache, eines indigenen Volkes Nordamerikas) oder „*nintotem*" (bezeichnet das Familienabzeichen der Clans der Anishinabe-Indianer Südost-Kanadas) aus der Algonquin-Sprachfamilie zurückgeführt.

Er bezeichnet entweder einen metaphorischen Namen bzw. ein Gruppenabzeichen oder wird im Sinne eines als heilig betrachteten Symbols verwendet[32]. Totemismus kann sich also sowohl auf einen sozialen als auch auf einen religiösen Kontext beziehen. Die Bedeutung der Totems ist je nach Kultur unterschiedlich. Nicht selten werden Totems zwar magisch-mythologisch erklärt, sind jedoch im Alltag lediglich Symbole sozialer Gruppen[74]. Eine eindeutig religiöse oder soziale Zuordnung ist oftmals nicht möglich. Totempfähle, davon gehen wir heute aus, haben keinen unmittelbaren Bezug zu der religiösen Seite des Totemismus. Es handelt sich eher um einen „Wappenpfahl" oder „Gedenkpfahl", der aus einem Baumstamm geschnitzte Skulpturen beinhaltet und auch lokale Mythen und Geschichten enthalten kann. Solche Totempfähle finden sich vor allem bei den Indigenen der amerikanischen Nordwestküstenkultur. Sie erzählen oft eine Familien-Saga, bestätigen vor allem die Stellung der Familie in der sozialen Hierarchie ihres jeweiligen Stammes und haben bzw. hatten eher eine soziale bzw. politische Funktion[58].

NORDAMERIKA

In Nordamerika spielen Wölfe in den Mythen und dem Volksglauben zahlreicher indigener Völker und Ethnien eine große Rolle. Regelmäßig finden wir diese Tierart auch als Totemtier, sowohl im engeren Sinne als persönliches Totemtier als auch auf sog. Totempfählen (vgl. Kasten).

Auf zahlreichen Totempfählen spielt der Wolf, neben anderen Tieren wie Adler, Rabe, Bär, Biber oder Wal eine herausragende Rolle (vgl. Abb. 16).

Abb.16: „Totempfähle" (hier bei Ketchikan, Alaska) erzählen oft Familiengeschichten und hatten für die jeweilige Familie eine wichtige soziale und politische Funktion in ihrem Stamm.

Verschiedene indigene Völker des pazifischen Nordwestens Kanadas am Columbia River verbinden mit der Entstehung ihres Volkes den Mythos von Tier-Menschen[40]. Es gab u. a. Vogel-Menschen, Hirsch-Menschen oder Biber-Menschen. Daneben gab es Ungeheuer, welche im Fluss lauerten und die Tier-Menschen in den Fluss zogen und töteten. Mutter Erde schuf daraufhin den Wolf, welcher die Ungeheuer tötete und die Tier-Menschen zahlreiche nützliche Dinge lehrte. Schließlich schuf der Wolf aus unterschiedlichen Körperteilen eines getöteten Ungeheuers die Menschen. Je nach Körperteil entstanden unterschiedliche Stämme mit unterschiedlichen Eigenschaften. Solche und ähnliche Geschichten werden regelmäßig auf Totempfählen erzählt. Gemeinsam ist diesen meist, dass der Wolf entweder dem Menschen überlegen, ja gottähnlich, aber grundsätzlich positiv gesonnen ist.

Eine andere Kategorie von Geschichten, die eher in die Nähe unserer Märchen (s. u.) einzuordnen ist, beschreibt einen Menschen, der einem Wolf in fataler Lage geholfen hat und im Gegenzug durch diesen Wolf und seine Angehörigen in vielerlei Hinsicht, etwa auf der Jagd, unterstützt wird. Insgesamt sehen wir, dass unter den nordamerikanischen indigenen Völkern der Wolf bzw. die Tiere insgesamt eine ausgesprochen positive Rolle einnehmen, sie werden, obwohl sie gejagt und auch getötet werden, verehrt und auch in die Jenseitsvorstellungen mit einbezogen. Die Vorstellung vom „Bruder Wolf" ist grundsätzlich verschieden vom Bild, welches sich die Menschen im mittelalterlichen Europa vom Wolf machten.

EUROPÄISCHES MITTELALTER UND WERWÖLFE

In der mittelalterlichen christlichen Tradition entwickelte sich der Wolf, wie bereits im Alten und Neuen Testament angedeutet, neben

Abb. 17: Der heilige Franziskus und der Wolf von Gubbio. Carl Weidemeyer (1882–1976), Worpswede 1911

der Schlange zum klassischen negativ konnotierten Symboltier. Wölfe standen für die dunklen Mächte und wurden regelmäßig mit dem Teufel in Verbindung gebracht. Letzterer wurde gelegentlich auch als „Erzwolf“ bezeichnet.

Der französiche Jurist Pierre de Lancre (1553–1631) schrieb im Jahre 1612, dass sich der Teufel häufiger in einen Wolf verwandle als in irgendein anderes Tier[150]. Wölfe wurden regelmäßig auch im Zusammenhang mit Hexen erwähnt; Letztere ritten angeblich auf Wölfen zum Hexensabbat oder trugen wenigstens Strumpfbänder aus Wolfshaut. Gelegentlich konnte aber selbst ein Wolf zum Guten bekehrt werden. So gelang es gemäß den *Fioretti*, einer Legendensammlung des 14. Jahrhunderts, dem Heiligen Franziskus von Assisi (um 1182–1226), einem Wolf das Versprechen abzunehmen, künftig weder Vieh noch Menschen zu schaden (vgl. Kasten).

Der heilige Franziskus und der Wolf von Gubbio

Nahe der Stadt Gubbio lebte ein besonders großer Wolf, den wir heute am ehesten als Schad- oder Problemwolf charakterisieren würden. Er riss nicht nur das Vieh, sondern auch Menschen, sodass sich niemand mehr unbewaffnet vor die Stadt traute. Franziskus, der gerade nach Gubbio kam, wollte den Menschen helfen. Er begab sich vor die Stadt und trat dem Wolf entgegen. Als dieser ihn angriff, schlug Franziskus das Kreuzzeichen über dem Wolf, sprach auf ihn ein wie zu einem Bruder und befahl ihm, in Zukunft weder Menschen noch Vieh etwas zuleide zu tun. Franz äußerte Verständnis für den Wolf, der die Untaten ja aus Hunger beginge, und schloss mit ihm einen Pakt: Der Wolf solle zukünftig durch die Bürger von Gubbio regelmäßig gefüttert werden, dafür vergehe er sich weder an den Menschen noch an dem Vieh. Franziskus und der Wolf besiegelten den „Deal" per Handschlag bzw. „Pfote geben" und Franziskus verbürgte sich bei den Bürgern von Gubbio für den Wolf. Ob der Pakt allerdings langfristig von beiden Seiten eingehalten wurde, bleibt in der Geschichte offen.

Aus der Legende können wir herauslesen, dass das Böse, sei es im Menschen oder im wilden Tier, oftmals nur der Ausdruck einer prekären sozialen Situation ist. Gleichzeitig ist die Geschichte eines der wenigen Beispiele, in denen dem Wolf die biologische Erfordernis, Beute zu machen, nicht grundsätzlich negativ ausgelegt wird. Von daher war Franziskus (oder der Erfinder der Legende) seiner Zeit bereits deutlich voraus. Das europäische Mittelalter beschäftigt sich allerdings nicht nur mit Wölfen, sondern auch mit Mischwesen, mit Menschen, die sich in Wölfe verwandeln. Die Rede ist vom Werwolf.

Zunächst einmal ist diese Verwandlung lediglich eine Sonderform der sog. „Wertiere", wissenschaftlich „Therianthropie" genannt. Wir finden diese weltweit und in den unterschiedlichsten Epochen. So kennen wir beispielsweise die Vorstellung von Mischwesen aus Mensch

Abb. 18: Therianthropie: Skulptur eines Löwenmenschen aus dem Lonetal in Baden Württemberg (Dagmar Hollmann)

und Bär (vor allem aus Skandinavien, „Berserker“[123]) oder auch über 35 000 Jahre alte Schnitzereien von Löwenmenschen aus dem Lonetal (Baden-Württemberg)[83].

Auch die Verwandlung von Menschen in Wölfe ist als solche in vielen Mythen seit dem Altertum überliefert, denken wir an das Gilgamesch-Epos oder Ovids „Metamorphosen“ (s. o.). Der Fachausdruck für dieses Phänomen lautet Lykanthropie (λύκος, griechisch „der Wolf“, ἄνθρωπος, giechisch, „der Mensch“). Die Tatsache, dass derartige Fachausdrücke geprägt wurden, zeigt bereits, dass sich auch die Wissenschaft zu allen Zeiten mit diesem Phänomen beschäftigt hat.

Interessant sind in diesem Zusammenhang zunächst einmal die Autoren der römischen Antike, denen wir – im Vergleich zu einem Großteil der mittelalterlichen Literatur – eine andere, gedanklich offenere Perspektive unterstellen können. Hier finden wir zwei interessante Hinweise.

Gaius Petronius Arbiter (ca. 27–66 n. Chr.), ein Autor und Höfling zu Zeiten des Kaisers Nero, beschreibt in seinem Roman *Satyricon* einen Mann, der sich bei Vollmond in einen Wolf verwandelt. Der römische Gelehrte Plinius der Ältere (23–79) berichtet in seinem Werk von Menschen, die sich in Wölfe verwandelten, mehrere Jahre als solche lebten, um dann wieder zurückverwandelt zu werden. Plinius lehnt diese Vorstellung jedoch als reine Fantasie ab.

Bewegen wir uns gedanklich weiter ins Mittelalter, so ändert sich die Perspektive. Der Geograf und Geistliche Olaus Magnus (1490–1557) stellt in seiner *Historia de gentibus septentrionalibus* („Geschichte der nördlichen Völker") im Sinne einer Enzyklopädie die Lebensweise der Menschen Skandinaviens im 16. Jahrhundert dar. Er wendet sich ausdrücklich gegen die Ansicht von Plinius und beschreibt Menschen, die im baltischen Raum lebten, sich bei Vollmond in Wölfe verwandelten, in die Häuser von Menschen einbrächen und dort die Vorräte verzehrten[9].

Auch in der isländischen *Egils saga* existiert eine Vorstellung von Therianthropie bzw. Lykanthropie. So findet sich darin der Berserker Úlfheðnar, und vom Großvater des Helden Egil wird berichtet, dass er sich des Nachts in einen Wolf verwandle und in diesem Zustand für seine Mitmenschen eine Gefahr darstelle. Man nennt ihn daher Kveldúlfr, den Abendwolf. Im mittelalterlichen und frühneuzeitlichen Zentraleuropa, insbesondere auch in Deutschland und Frankreich (dort unter dem Namen „*Loup garou*" oder „*Garou*" bekannt) wurde die Vorstellung der Existenz von Werwölfen bald mit dem Hexenglauben in Verbindung gebracht. Auch wurden zahlreiche Menschen hingerichtet, welche für Werwölfe gehalten und des (Kinder-)Mordes oder des Raubes beschuldigt wurden[50]. Noch bis ins frühe 18. Jahrhundert wurden Menschen als Werwölfe verfolgt. Um das Jahr 1720 wurde beispielsweise im Salzburger Land noch ein Bettler als vermeintlicher Werwolf hingerichtet[49].

Im Volksglauben und in den Volkssagen war der Werwolf ebenfalls in unterschiedlichen Formen präsent. Menschen, die man für Zauberer hielt oder Selbstmördern, wurde nachgesagt, dass sie nach ihrem Tode als Werwolf wiederkehrten[21]. Weiterhin wird berichtet, dass der Teufel bestimmten, ihm loyal gesonnenen Menschen einen Gürtel aus Wolfsfell übergebe, mittels dessen sie sich in einen Wolf verwandeln könnten[47].

Abb. 19: Werwolf. Holzschnitt um 1512, Lucas Cranach d. Ä. (1472–1553). Herzogliches Museum (Landesmuseum) Gotha

Auch Gegenmittel zur Abwehr von Werwölfen gibt es in der Sagenwelt. Die einfachsten davon sind das Schlagen mit einem Stock, Beschimpfungen oder die Entfernung der Zaubersalbe, derer es bedarf, um sich in den Werwolf zu verwandeln[73]. Aufwendiger ist da schon die Zubereitung einer Salbe aus Körperteilen verstorbener Neugeborener, welche die Rückverwandlung in einen Menschen bewirken soll[91]. Quasi als Ultima Ratio kann dem Ungeheuer durch eine Kugel mit Kreuzzeichen[22] der Garaus gemacht werden oder, besser noch, man verwendet gleich eine aus Silber gegossene Kugel[113].

DER WOLF IM MÄRCHEN UND IN DEN FABELN

Von den Volkssagen bis zu den Märchen ist es nur ein kleiner Schritt. Und wenngleich Werwölfe als solche in den Märchen eher selten sind, so sind die dort anzutreffenden Wolfsfiguren diesen nicht ganz unähnlich. Sie können oft sprechen und rational handeln, ganz wie ihre menschlichen (oder auch tierischen) Gegenspieler.

In einer spontanen Ad-hoc-Umfrage im kleinen Kreis (nicht repräsentativ) nach dem bekanntesten Märchen mit dem Wolf als einem Hauptdarsteller fand sich „Rotkäppchen“ an erster Stelle, gefolgt vom „Wolf und den sieben Geißlein“, beides Märchen aus der Sammlung alter Märchen der Brüder Grimm, zusammengetragen im frühen 19. Jahrhundert.

In beiden Märchen verkörpert der Wolf tendenziell das Böse: Er frisst sowohl Rotkäppchen und Großmutter bzw. sechs der Geißlein. Um zum Ziel zu gelangen, legt er ein hohes Maß an Gerissenheit bzw. krimineller Energie an den Tag. Auch wenn er seine Opfer nur frisst und nicht tötet (Letzteres ist vermutlich dem Happy End geschuldet), so hat er eindeutig die Rolle des bösen Verführers inne. Erst dem Jäger (dem Hüter der Ordnung und guten Sitten, möglicherweise ein

Abb. 20: Märchenbuch „Rotkäppchen" aus der ersten Hälfte des 20. Jahrhunderts

Symbol für die Obrigkeit) gelingt es, die Protagonisten zu befreien und den Wolf („das Böse im Lande") letztlich zu besiegen und zu vernichten.

Das Märchen vom Rotkäppchen wurde und wird in unzähligen Versionen erzählt, die manchmal mehr, manchmal weniger von der über 300 Jahre alten ursprünglichen Geschichte des französischen Schriftstellers Charles Perrault (1628–1703) abweichen.

Nahezu ebenso zahlreich sind die Deutungen der Geschichte vor allem im 20. Jahrhundert: nicht nur der Wald und seine wilden Tiere sind gefährlich, sondern womöglich auch der dort lauernde Sexualstraftäter, der Exhibitionist oder einfach nur der fremde Mann, weswegen Mädchen und junge Frauen gut daran tun, den mütterlichen Rat zu befolgen und nicht auf irgendwelche Abwege zu geraten.

Doch, um einmal das Sigmund Freud zugeschriebene Zitat zu bemühen: „Manchmal ist eine Zigarre einfach nur eine Zigarre." Und so ist die Warnung vor dem Wolf in den Märchen, welche aus der Periode vom spätem Mittelalter bis zur beginnenden Neuzeit stammen, womöglich einfach nur der durchaus realen Gefahr geschuldet, welche den Menschen dieser Zeit regelmäßig durch Wölfe drohte (vgl. Kapitel 4).

Ein weiteres interessantes Märchen, „Der alte Sultan", ebenfalls von den Brüdern Grimm nacherzählt, handelt von einem Hund namens Sultan, der alt und für seinen Besitzer nutzlos geworden ist, sodass Letzterer (den Gepflogenheiten der Zeit folgend) den Hund erschießen will. Der wildlebende Vetter des Hundes, der Wolf, schlägt dem Hund einen „Deal" vor: Der Hund soll zum Schein eine Wolfsattacke abwehren und dadurch beim Besitzer wieder das alte Ansehen erlangen. Als Gegenleistung erlaubt der Hund dem Wolf, später ein Schaf zu reißen. Je nach Version des Märchens lehnt der Hund dieses unmoralische Angebot vehement ab bzw. er geht scheinbar darauf ein, doch er verrät den Wolf an den Bauern.

In diesem Märchen sehen wir deutlich die zwei Gesichter ein und derselben Tierart, hier der domestizierte treue und (aus Sicht des Menschen) hochloyale Hund, dort der (wiederum aus menschlicher Sicht) wilde, verschlagene Wolf. Sobald wir die Situation aus der Perspektive der beiden verwandten Tiere betrachten, sähe das Bild schon ganz anders aus. Eine etwas andere Rolle spielen die Fabeln. Sie sollen in kurzer und pointierter Weise bestimmte menschliche Eigenschaften und Verhaltensweisen karikieren, um daraus eine allgemeingültige und zeitlose Lehre zu entwickeln. Tiere agieren in Fabeln grundsätzlich wie Menschen und besitzen auch typische menschliche Eigenschaften.

Abb. 21: Jean de la Fontaines Fabel vom Wolf und dem Hund stellt Freiheit (Wolf) und Sicherheit und Bequemlichkeit (Hund) gegenüber und gibt der Freiheit den Vorzug. Radierung aus dem 18. Jahrhundert.

Verschiedene Fabeln lassen sich aus dem Tierepos Ysegrimus aus dem 12. Jahrhundert herleiten. Der Wolf Ysegrimus (später „Isegrim“) und der Fuchs (dort französisch „Renard“ genannt, später „Reinecke“) müssen sich gegeneinander behaupten, wobei der Wolf den etwas dumpfen, starken, gierigen und teils gewalttätigen Part übernimmt, während der Fuchs sein listiger und auch hinterhältiger Gegenspieler ist, der letztlich über den Wolf triumphiert. Die Fabel vom Wolf und dem Hund (*Le Loup et le Chien*) (vgl. Abb. 21) des französischen Schriftstellers Jean de la Fontaine(1621–1695) wägt die Themen „Freiheit“ (für die der Wolf steht) und „Sicherheit und Bequemlichkeit“ (durch den Hund versinnbildlicht) gegeneinander ab, wobei der Autor der Freiheit den Vorzug gibt.

20. UND 21. JAHRHUNDERT

Wir sehen, dass der Wolf über die Jahrtausende und bis heute ein dankbares literarisches Motiv war und ist. Durch ihn gelingt es, einerseits eine Atmosphäre des Schreckens und der Gefahr zu verbreiten, andererseits dient er als Projektionsfläche für Tapferkeit und Mut. In der zweiten Hälfte des 20. und im 21. Jahrhunderts spielt der Wolf in Literatur und Film immer noch ähnliche Rollen, wenngleich die eindeutig negativen Zuschreibungen weniger werden.

Ein interessantes Beispiel sind die Comics, die teilweise alte Motive aus Märchen aufgreifen. Während der Wolf in der Geschichte vom Wolf und den sieben Geißlein der Brüder Grimm (1812) noch ganz eindeutig als böse, hinterhältig und gierig porträtiert wird, wirkt er in der Version von Walt Disney eher wie ein harmloser Landstreicher, der den Schweinchen zwar ans Leder will, aber letztlich unfähig ist, sie zu fangen. Auch die deutsche Comicfigur „Lupo" von Rolf Kauka wird eher als arbeitsscheu und mit einem leichten Hang zur Kleinkriminalität, im Grunde aber gutmütig dargestellt. Aus der Vielzahl der Filmproduktionen, in welchen der Wolf eine gewisse Rolle spielt, seien hier drei Beispiele erwähnt.

Der französische Film „Wolfsziegel" (*La tuile à loups*) von Jacques Ertaud aus dem Jahr 1972 (nach dem Roman „Der Wolfsziegel" von Jean-Marc Soyez) thematisiert (mit einigen Übertreibungen) die Sorgen der Menschen in den alpinen Departements noch Mitte des 20. Jahrhunderts, dass in kalten Wintern die Wölfe ins Tal kommen und Menschen sowie Vieh angreifen. Hier ist der Wolf noch eindeutig eine reißende Bestie und der Gegner der Landbevölkerung.

In Kevin Costners „Der mit dem Wolf tanzt" (1990) freundet sich der Protagonist, ein Offizier auf einem Außenposten während des amerikanischen Bürgerkriegs, nicht nur mit lokalen Sioux an, sondern auch mit einem Wolf, der aus der Wildnis auftaucht. Der gewaltsame

Tod des Tieres, das von Armeeangehörigen zum Spaß erschossen wird, ist eines von zahlreichen Symbolen für die unheilvollen Auswirkungen der vordringenden Zivilisation in die letzten Refugien der Indigenen.

In „Game of Thrones" (2011–2019), einer Fantasy-Fernsehserie nach dem Roman „Das Lied von Eis und Feuer" des US-amerikanischen Schriftstellers George R. R. Martin, taucht ein sog. „dire wolf" auf („Schattenwolf" in der deutschen Version). Die Figur nimmt Anleihe am *Canis dirus*, einer prähistorischen, seit Langem ausgestorbenen, riesenhaften Wolfsart des nordamerikanischen Kontinents. Damit bedient die Serie das Bild des Wolfes als geheimnisvollem Tier, auf das sich menschliche Clans als mythischen Ahnen berufen.

DREI UNTERSCHIEDLICHE SICHTWEISEN

Wenngleich die erwähnten Beispiele die Komplexität des Mensch-Wolf-Verhältnisses über die unterschiedlichen menschlichen Kulturen und die vergangenen Jahrtausende bis heute nur in ganz groben Zügen darstellen können, so zeigen sich doch recht klar drei unterschiedliche Sichtweisen auf den Wolf, während der Hund insgesamt eher positiv und als treuer Begleiter, Helfer bzw. Diener der Götter oder Menschen in Erscheinung tritt.

Da ist zum einen das Bild des Wolfes als einer reißenden Bestie, welches vor allem im christlichen Mitteleuropa existierte und das über viele Jahrhunderte ein Bild des Wolfes als eines Gegners der menschlichen Zivilisation und des christlichen Abendlandes zeichnete. Zum einen bedingt durch die Sesshaftigkeit des Menschen an sich (vgl. Kapitel 1), zum anderen aber auch während der großen Krisen des ausgehenden Mittelalters dürfte die tatsächliche Bedrohungslage der Menschen durch Wölfe (vgl. Kapitel 4) dieses Bild noch verstärkt haben.

Gleichzeitig existieren in den unterschiedlichsten Ethnien weltweit zahlreiche Mythen, welche den Ursprung der jeweiligen Volksgruppe oder des jeweiligen Stammes auf einen Wolf zurückführt. Diese sehen naturgemäß den Wolf grundsätzlich positiv. Generell scheint in verschiedenen indigenen Völkern die klare Trennung zwischen Mensch einerseits und Tier andererseits, wie sie etwa die drei Schriftreligionen Judentum, Christentum und Islam ganz eindeutig vornehmen, in dieser Schärfe nicht zu existieren.

Begriffe wie „Bruder Wolf" verdeutlichen dies und unterstellen wohl auch, dass man sich in einer wie auch immer gearteten jenseitigen Welt nach dem Tode wiedertrifft. Dies erklärt auch den scheinbaren Widerspruch bei diesen Völkern, dass man Wölfe einerseits verehrt, andererseits aber auch wegen ihres Pelzes oder in schlechten Zeiten auch wegen ihres Fleisches bejagt oder die Herden gegen sie verteidigt.

Schließlich finden wir heute zunehmend das Bild des Wolfes als Symbol für die Sehnsucht nach unberührter Natur, ja nach Wildnis. In einer vom Menschen hoffnungslos überformten Zivilisationslandschaft projizieren viele Menschen, insbesondere aus den urbanen Milieus, ihre Sehnsucht nach einer intakten Natur oder gar „Wildnis" auf den Wolf. Dieser wird, etwa in naturschutzorientierten Gruppen, aber auch in allerlei Marketingaktivitäten der Industrie, zum Sinnbild für das Natürliche, ungeachtet der Frage, wie natürlich die Rückkehr der Wölfe in eine vom Menschen geformte Landschaft letztlich überhaupt sein kann.

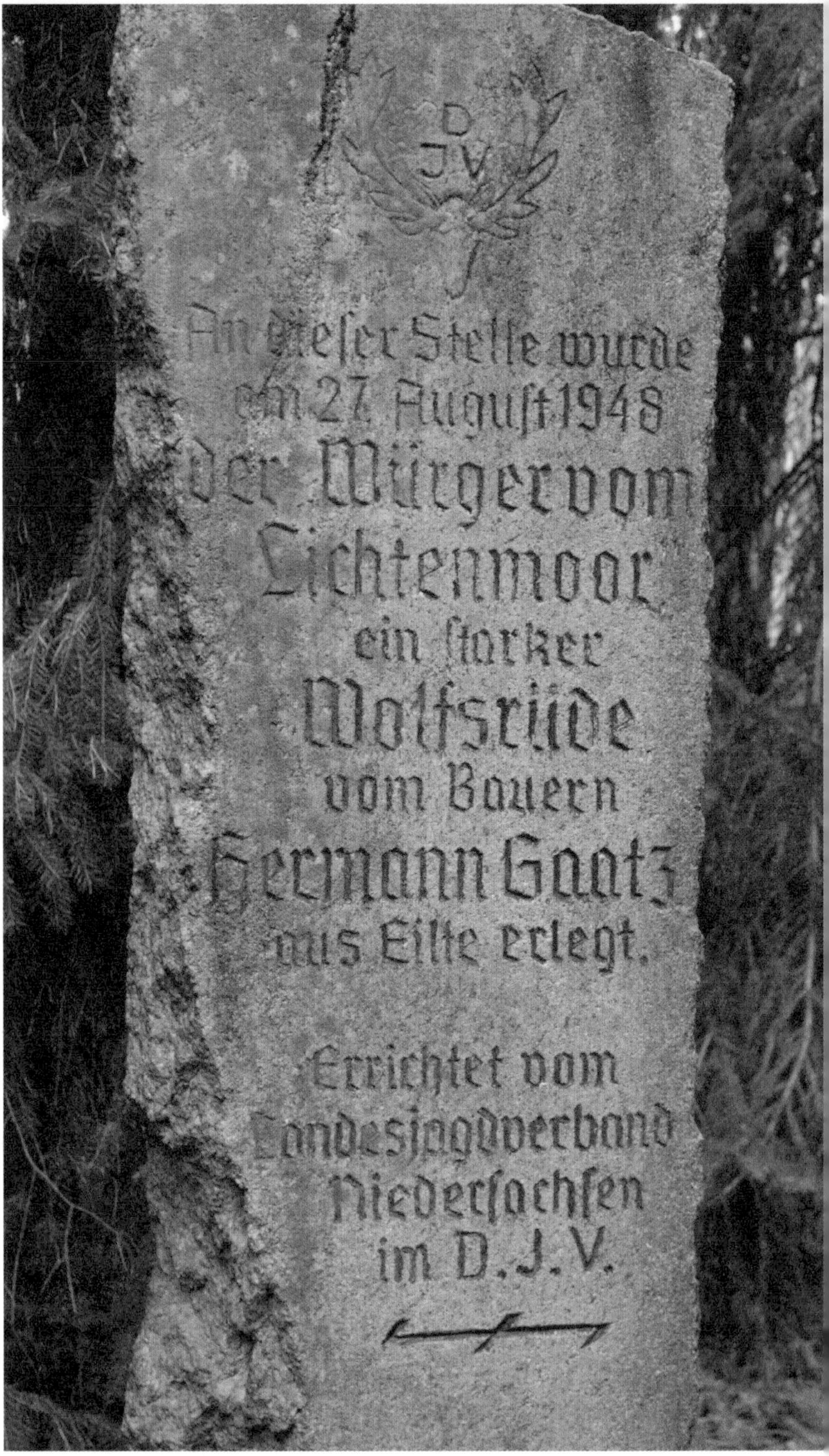
D
J V
An dieser Stelle wurde
am 27. August 1948
der Würger vom
Lichtenmoor
ein starker
Wolfsrüde
vom Bauern
Hermann Gaatz
aus Eilte erlegt.
Errichtet vom
Landesjagdverband
Niedersachsen
im D.J.V.

4. WIE GEFÄHRLICH IST DER WOLF?

Bis heute gehört, wie wir oben gesehen haben, der Wolf in der Vorstellung vieler Menschen zu jenen Tieren, welche allegorisch auch und besonders für das Gefährliche und letztlich auch Böse stehen. Insbesondere im Hinblick auf die Akzeptanz des Wolfes durch uns Menschen ist, neben der Erbeutung landwirtschaftlicher Nutztiere und anderen Risiken, eine Frage von zentraler Bedeutung für den langfristigen Schutz der Art: Wie gefährlich sind Wölfe für den Menschen selbst? In diesem Kapitel wollen wir uns also mit der Frage beschäftigen, wie es um die Gefahrenlage für uns Menschen dort steht, wo Wölfe vorkommen oder sich gerade wieder ansiedeln.

ÜBERGRIFFE VON WÖLFEN

In der langen Geschichte des Zusammenlebens gab es immer wieder Übergriffe von Wölfen nicht allein auf Haus- und Nutztiere der Menschen, sondern auch auf diese selbst. Diese Ereignisse sind bis heute der Ausgangspunkt zahlreicher, teils jahrhundertealter Erzählungen, um deren mehr oder minder realen Kern sich mit der Zeit zahlreiche Mythen und Vorstellungen gebildet haben (vgl. auch Kapitel 3). Das hat zum einen damit zu tun, dass Wölfe hierzulande neben Braunbären die einzigen großen Prädatoren sind, die in gesundem Zustand Menschen gezielt erbeuten bzw. schwer verletzen und töten können.

Während Braunbären als Winterruher einen beträchtlichen Teil des Jahres nicht präsent und darüber hinaus zumindest in der Vergangenheit eher zivilisationsfern lebende Einzelgänger waren, wird von Wölfen regelmäßig auch die gezielte Annäherung an menschliche Siedlungen und das Eindringen in dieselben berichtet. Auch die Jagd der Wölfe in mehr oder minder umfangreichen Gruppen mag dazu beigetragen haben, dass diese Spezies den Menschen von alters her nicht nur großen Respekt und Furcht einflößt, sondern auch zur Projektionsfläche tiefsitzender Ängste wurde.

Schließlich waren und sind Wölfe dort, wo sie vorkommen, auch wichtige Träger und Überträger der Wildtiertollwut (vgl. Kapitel 8). Es wird immer wieder berichtet, dass an Wolfsangriffen überzufällig häufig auch tollwutkranke Tiere beteiligt waren. Schriftliche Quellen über Wolfsattacken auf Menschen sind zeitlich und regional in ausgesprochen unterschiedlichem Ausmaß und in sehr unterschiedlichen

Abb. 22: Darstellung eines Wolfsangriffes auf Menschen aus dem Jahr 1517 (Johann Geiler von Kaisersberg)

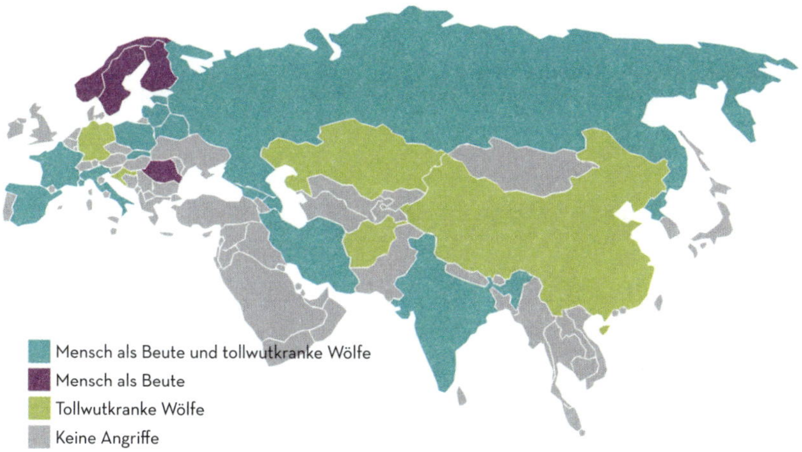

Abb. 23: Ursachen für Wolfsangriffe in der zweiten Hälfte des 20. Jahrhunderts[95]

Medien (z. B. Ortschroniken, behördliche Erlasse, amtliche Dokumente, Beschwerdebriefe an die Obrigkeit, später auch Zeitungen etc.) zu finden. Je länger die Ereignisse zurückliegen, desto unsicherer ist die Quellenlage.

Auch neuere wissenschaftliche Untersuchungen decken immer nur einen Teil der Quellen ab und können daher immer nur einen Ausschnitt aus dem Gesamtbild wiedergeben. Dennoch geben sie einen Einblick in die Frage, welches Risiko freilebende Wölfe eigentlich für Menschen mit sich bringen.

Eine Analyse im Auftrag des norwegischen Umweltministeriums[95] ergab für Europa lediglich 59 gut dokumentierte Wolfsangriffe auf Menschen in der zweiten Hälfte des 20. Jahrhunderts und bis 2002 (vgl. Abb. 23). Neun Menschen seien dabei zu Tode gekommen. In einer Folgeuntersuchung[96] für den Zeitraum von 2002 bis 2020 wurden 217 Angriffe in Europa einschließlich der Türkei und Russland registriert, davon 12 mit tödlichem Ausgang.

Gegenüber der ersten Hälfte des 20. Jahrhunderts (s. u.) bedeutet dies zunächst einen signifikanten Rückgang. Dies verwundert allerdings nicht, da in diesem Zeitraum der Wolf in vielen Regionen

Europas bereits ausgerottet oder sehr selten war. Bemerkenswert ist die vergleichsweise hohe Anzahl an Angriffen in den ersten beiden Dekaden unseres Jahrhunderts. Diese sind möglicherweise einer besseren Dokumentation einschließlich der Aufmerksamkeit in den nun schon gut etablierten digitalen sozialen Medien geschuldet.

Über die tatsächliche Zahl an Wolfsangriffen auf Menschen, insbesondere in der weiter zurückliegenden Vergangenheit, können wir nur vage Aussagen treffen. Diese liegen, dem vorhandenen Quellenmaterial zufolge, deutlich höher. So sind im 18 Jahrhundert für Europa über 1500 Wolfsangriffe, vornehmlich aus Frankreich, dokumentiert. Im 19. Jahrhundert liegt diese Zahl bei knapp 1200 und in der ersten Hälfte des 20. Jahrhunderts bei 234 in Europa dokumentierten Wolfsangriffen auf Menschen[160].

Wir dürfen in diesem Zusammenhang aber nicht übersehen, dass die mit großer Akribie aus historischen, medizinischen und anderen Quellen zusammengetragenen Daten dennoch keineswegs vollständig und als Mindestwerte zu betrachten sind. Sie dokumentieren lediglich diejenigen Ereignisse, deren Quellen für die Autoren zugänglich waren und von ihnen als glaubhaft eingeschätzt wurden. Beides führt dazu, dass die tatsächliche Zahl der Wolfsattacken auf Menschen nur sehr schwer abschätzbar ist, je weiter wir auf der Zeitachse zurückgehen.

ANLÄSSE FÜR WOLFSANGRIFFE

Grundsätzlich werden drei unterschiedliche Anlässe für Wolfsangriffe auf Menschen unterschieden[127]:

1. Angriffe durch tollwütige Wölfe,
2. Angriffe durch Wölfe, welche sich vom Menschen bedroht oder in die Enge getrieben fühlen,
3. Angriffe, bei denen der Mensch als Beute betrachtet wird.

Die meisten in jüngerer Zeit dokumentierten Attacken wurden auf tollwutkranke Wölfe zurückgeführt. Dabei ist allerdings zu beachten, dass die Diagnose „Tollwut“ oftmals lediglich klinisch nach dem beschriebenen Aggressionsverhalten gestellt und nur in den seltensten Fällen durch Laboruntersuchungen bestätigt wurde.

Das typische Symptom der Tollwutinfektion im fortgeschrittenen Stadium ist die „rasende Wut“, von der die Erkrankung auch ihren Namen erhielt. In diesem Krankheitsstadium werden erkrankte Tiere ausgesprochen aggressiv, verlieren sämtliche Scheu und attackieren andere Tiere, Menschen, aber auch Gegenstände.

Solche Fälle werden aus zahlreichen Ländern und Regionen beschrieben. Einer der ältesten beschriebenen Fälle des Angriffs eines mutmaßlich tollwütigen Wolfes auf Menschen stammt aus Deutschland und betrifft das Jahr 1557. Fälle aus jüngerer Zeit stammten aus dem Nordosten Europas: Im Jahre 2001 ereignete sich ein Angriff

Abb. 24: Darstellung eines Wolfsangriffes auf einen Schlitten (Alfred Wierusz-Kowalski, 1849–1915), wie sie vor allem in Osteuropa des 19. Jahrhunderts immer wieder zu finden ist.

eines tollwütigen Wolfes auf einen Menschen in Lettland[127]. In Weißrussland verletzte ein tollwütiger Wolf in einem Dorf elf Menschen, bevor er schließlich getötet werden konnte[156].

In der Literatur finden sich weiterhin zahlreiche Fälle, in denen Menschen von Wölfen angegriffen wurden, die sich bedrängt oder in die Enge getrieben fühlten. Nicht selten betraf das Hirten, welche mit Stockhieben einen Wolf zu vertreiben oder zu töten versuchten. Auch die versehentliche Annäherung an eine Wurfhöhle mit Welpen kann eine aggressive Reaktion der Wölfin auslösen.

WOLFSANGRIFFE AUF MENSCHEN IN VERGANGENEN JAHRHUNDERTEN

In früheren Jahrhunderten dürfte sich die Situation allerdings anders dargestellt haben. Ereignisse wie Extremwinter (etwa die „Kleine Eiszeit" im ausgehenden Mittelalter und der beginnenden Neuzeit), Hungersnöte, Seuchen oder Kriege führten einerseits zu einer Annäherung der bereits damals teilweise in unzugänglichen Regionen zurückgedrängten Wölfe an menschliche Siedlungen.

Andererseits lernten Wölfe beim Vorhandensein zahlreicher nur oberflächlich bestatteter oder unbestatteter menschlicher Leichen schnell, dass Menschen doch eher ungefährlich und somit eine leicht erreichbare Beute sein können. Von diesem Punkt bis hin zum aktiven Erbeuten von Menschen ist es für eine außerordentlich lernfähige Art nur ein kleiner Schritt.

Die Berichte von Wolfsangriffen auf Menschen in den vergangenen Jahrhunderten müssen dennoch immer auf ihren Realitätsgehalt geprüft werden. Oft legt bereits die Schilderung der Ereignisse den Verdacht nahe, dass bestimmte Erzählungen zumindest übertrieben sind: etwa wenn berichtet wird, dass ein Wolf ein achtjähriges Kind im Fang davongetragen und womöglich damit noch einen Zaun überwunden haben soll. So etwas kennen wir von Tigern und Löwen. Ein Wolf wäre dazu kaum in der Lage[178], selbst wenn wir davon ausgehen, dass in früheren Zeiten die Kinder kleiner waren und die Wölfe größer als heute gewesen sein mögen.

In diesem Zusammenhang ist auch die Geschichte interessant, wonach in den Jahren zwischen 1764 und 1767 ein wolfsähnliches Tier in der Gegend um Gévaudan im französischen Zentralmassiv über 100 Menschen getötet und teilweise gefressen haben soll.

Eine Überlebende einer Attacke soll zu dem infrage stehenden Tier Folgendes berichtet haben: „... *Es war weitaus größer als ein Wolf und hatte eher den Umfang und das Gewicht einer Kuh. Der riesige Kopf besaß breite, rötlich gefärbte Kiefer, die spitz zuliefen. Wenn das schreckliche Maul mit den riesigen Zähnen geöffnet war, klaffte ein Rachen von knapp einem halben Meter Weite.*

Die Ohren der Bestie erschienen eher klein, das Fell war hellgrau und an der Brust weiß, ziemlich kurz und mit einer Zeichnung entlang dem Rückgrat. Mit den großen, krallenbewehrten Klauen konnte das Monster kräftig zupacken und sein Schweif war so lang wie der eines Wolfes oder eines Pferdes.

Das Untier war sehr flink. Man beobachtete es manchmal am selben Tag an mehreren, weit auseinanderliegenden Orten. Auf der Jagd bewegte es sich schleichend mit dem Bauch am Boden fort, so, als ob es kriechen würde.

Wenn es ein Beutetier oder einen Menschen ausfindig gemacht hatte, sprang es ihn an wie eine Katze. Danach ging es ihm an die Kehle und verschlang dann Herz und Lungen. Auch die Kraft der Bestie war geradezu furchteinflößend. Ein Schäfer behauptete, sie sei fähig gewesen, sich auf die Hinterbeine zu stellen und dabei ein Schaf hochzuheben.

Die Hunde, so hieß es, flohen vor ihr ...“

Abb. 25: Die „Bestie von Gévaudan“ in einer Darstellung aus dem 18. Jahrhundert

Die Spekulationen über dieses vermeintliche Monster schossen ins Kraut und halten bis heute an: von einer politischen Verschwörung über einen Serienmörder bis zu einem exotischen Raubtier reichten die Hypothesen. Nachdem in der Region ein außergewöhnlich großer und untypisch aussehender Wolf erlegt worden war, ließ die Serie an Angriffen auf Menschen offenbar nach. Daher gehen verschiedene Autoren heute von einem Hybriden, einer Kreuzung zwischen Wolf und einem außerordentlich großen Haushund aus[120, 165].

DER MENSCH UND DAS BEUTESPEKTRUM

Die Frage nach dem Risiko einer Attacke von gesunden Wölfen auf Menschen, um diese zu erbeuten, ist für die Einschätzung des aktuellen Risikos, von einem Wolf angegriffen zu werden, wohl die interessanteste. Zumindest in diesem und im vergangenen Jahrhundert sind derartige Ereignisse allerdings sehr selten beschrieben und müssen als eine große Ausnahme in speziellen Situationen gelten.

Dies hat vermutlich damit zu tun, dass Menschen seit Jahrtausenden den Wolf verfolgten und so von Wölfen primär als gefährlich angesehen werden. In den modernen Gemeinwesen des 20. und teilweise auch noch des 21. Jahrhunderts wurden Wölfe in den meisten Ländern mit signifikanten Wolfsvorkommen, aber auch in einigen Ländern, in denen der Wolf wieder zuwanderte, rigoros und meist flächendeckend und systematisch verfolgt (vgl. Kapitel 5). Daher wurden auch Situationen der Annäherung von Wölfen an menschliche Siedlungsräume eher selten, sieht man einmal von der Zeit während und nach den beiden Weltkriegen ab.

Der immer wieder zu hörenden Aussage allerdings, der Mensch gehöre nicht ins Beutespektrum des Wolfes, und schon allein deshalb bestehe praktisch kein Risiko, ist in dieser Form nicht zuzustimmen. Wölfe als Nahrungs- und Beutegeneralisten (vgl. Kapitel 7) besitzen kein klar abzugrenzendes Beutespektrum. Sie jagen diejenige Beute, die am einfachsten und gefahrlosesten zu erreichen ist.

Gleichzeitig bilden sich in bestimmten Rudeln oder auch regional Traditionen aus, bestimmte Beutetiere zu bevorzugen. Hierbei spielt vor allem die Verfügbarkeit der Beute eine Rolle, aber auch das Risiko für den einzelnen Wolf hat einen Einfluss. Letzteres ist kollektives Wissen im Wolfsrudel, welches sich aus Lernprozessen entwickelt.

Eine Hypothese ist auch, dass die Erbeutung von Menschen in der Vergangenheit insbesondere durch Wölfe mit einem Handicap, also etwa einer alten Verletzung, welche die erfolgreiche Jagd von Wildtieren unmöglich machte, erfolgte. Wir kennen derartige Verhaltensweisen etwa von Löwen oder Tigern, „man-eaters“, aus Afrika oder Südostasien. Dies ist sicher nie ganz auszuschließen, wäre aber bei einer Attacke durch mehrere Individuen als Grund unwahrscheinlich.

Abb. 26: Darstellung des Angriffs eines Wolfsrudels auf einen im Wald arbeitenden Menschen. Denis Lebey de Batilly (frz. Jurist und Dichter, 1551–1607). Emblemata, 1596

Schließlich gehen einige Autoren[133] davon aus, dass neben den o. g. Lerneffekten und Traditionen einzelne Tiere innerhalb eines Wolfsrudels in Extremsituationen eher die Veranlagung besitzen, „mehr zu riskieren" und dadurch für den Menschen gefährlicher sind.

Wo es nur wenige freilebende Wildtiere gibt, ernähren sich Wölfe in größerem Umfang von Haustieren. Unter den Wildtieren gibt es interessante lokale Vorlieben, z. B. spielten in Deutschland Anfang der 2000er-Jahre Wildschweine als Beute nur eine untergeordnete Rolle, obwohl reichlich verfügbar und obwohl etwa auf dem Balkan Wildschweine viel häufiger von Wölfen erbeutet wurden. Vermutlich waren es fehlende oder auch frühere schlechte Erfahrungen bestimmter Wolfsrudel mit Schwarzwild, welche zu solch einem Verhalten geführt haben.

Wie bereits erwähnt, waren bis in die jüngste Vergangenheit die Erfahrungen der Wölfe mit Menschen in der Regel so, dass ein gesunder, erwachsener Mensch als eine große Gefahr wahrgenommen wurde und wird. Allerdings: Ein vielleicht sechs- oder achtjähriges Kind, welches Schafe oder Ziegen hütete, war in früheren Jahrhunderten mindestens ebenso gefährdet wie die Schafe oder Ziegen selbst. Daher dürften auch heute Kinder in Bezug auf eine Wolfsattacke deutlich gefährdeter sein als Erwachsene.

REGIONALE VERTEILUNG VON WOLFSATTACKEN

Betrachten wir die Zahl der Wolfsattacken nach Ländern bzw. Regionen, so erkennen wir, dass es deutliche Unterschiede in den berichteten Anzahlen von Wolfsübergriffen auf Menschen gibt. Die größte Zahl an Wolfsattacken auf Menschen wird aus Russland bzw. der Sowjetunion berichtet. Dies verwundert nicht, da sich der ganz überwiegende Teil der eurasischen Wolfspopulation auf russischem Gebiet befindet. Den heutigen Wolfsbestand Russlands schätzen wir auf nahezu eine halbe Million Individuen. Besonders hervorgehoben werden in den Berichten auch hier regelmäßig tollwutkranke Wölfe.

Andere Autoren berichten aber auch von einer gezielten Prädation (also dem Töten einer Beute durch einen Beutegreifer zwecks Nahrungserwerb) durch Wölfe, insbesondere in Zeiten das Krieges und der allgemeinen Not. So wird beschrieben, dass Wölfe im russischen Verwaltungsbezirk (Oblast) Kirov in der Spätphase des Zweiten Weltkrieges und in der Nachkriegszeit mehrere Dutzend Kinder angegriffen haben, von denen 36 ihren Verletzungen erlagen. Erst nach einer organisierten und drastischen lokalen Reduktion der Wölfe hätten die Angriffe schnell nachgelassen[133]. Interessant ist auch die große Zahl an Berichten aus Frankreich. Für die Zeit vor der

Französischen Revolution werden z. T. über 3000 dokumentierte Todesfälle[119] durch Wolfsangriffe berichtet. Für den Zeitraum vom Mittelalter bis zum 20. Jahrhundert werden über 5300 Fälle von Wolfsangriffen auf Menschen beschrieben[121], wobei etwas mehr als die Hälfte auf (nach ihrem Verhalten zu urteilen) tollwutkranke Tiere zurückgeht.

Interessant ist hierbei die Frage, warum gerade aus Frankreich eine vergleichsweise hohe Zahl an Wolfsattacken berichtet wird. Der Grund dafür ist nicht wirklich klar. Möglicherweise liegt dies daran, dass Frankreich eine gute Dokumentation erwähnenswerter Ereignisse in Gestalt von Stadt- oder Ortschroniken besitzt, welche nicht nur Kriegsereignisse, Missernten, Unwetter oder Großbrände, sondern eben auch „Wolfsplagen" erfasst haben. Diese Chroniken sind offenbar über die Jahrhunderte erhalten geblieben. Andere Regionen, aus denen bis in die jüngere Zeit relativ viele Wolfsangriffe auf Menschen berichtet werden, sind Indien, Afghanistan und der Iran, wobei hier offenbar in vielen Fällen auch tollwutkranke Tiere beteiligt waren[160] und bis heute sind.

DIE KONKRETE GEFAHR FÜR DEN MENSCHEN

Kommen wir zurück zur Frage, welches konkrete Risiko durch einen Wolfsangriff auf den Menschen heute in Mitteleuropa besteht. Hier gilt derzeit die Wildtiertollwut (mit Ausnahme der Fledermaustollwut) als erloschen. Daher ist das Risiko einer Attacke durch ein tollwutkrankes Tier hierzulande aktuell extrem unwahrscheinlich. Auf die Frage, ob die Tollwut möglicherweise wieder zurückkehren bzw. aufleben kann, gehen wir in Kapitel 8 näher ein.

Ein Angriff eines Wolfes, der sich vom Menschen bedroht fühlt, ist in gewissen Situationen durchaus vorstellbar, man denke hier an ein durch einen Unfall verletztes Tier oder an die Möglichkeit, versehentlich (oder absichtlich) der Wurfhöhle im Frühjahr zu nahe zu kommen. Allerdings sollte, bei angemessenem Verhalten in der Natur, auch dies eine seltene Ausnahme sein. Die Zahl der Angriffe gesunder Wölfe, welche den Menschen als Beute betrachten, hat sich über die Jahrhunderte bis heute drastisch reduziert und spielt derzeit zumindest in Mitteleuropa kaum noch eine Rolle.

Dies hat natürlich auch damit zu tun, dass es in vielen mitteleuropäischen Ländern über viele Jahrzehnte praktisch keine Wölfe mehr gab. Zum anderen dürfte aber die intensive Verfolgung, welche Wölfe bis heute insbesondere in einigen osteuropäischen, zentralasiatischen und asiatischen Regionen erfahren, dazu beitragen, die große Scheu der Wölfe vor dem Menschen aufrechtzuerhalten. Wölfe meiden in diesen Regionen menschliche Siedlungen oder suchen diese allenfalls zur Nachtzeit auf, um Abfälle oder gelegentlich ein Haus- oder Nutztier zu erbeuten. Das Bild vom Wolfsrudel, welches bei hohem Schnee gezielt Menschen attackiert, gehört damit in der heutigen Zeit ins Reich der Legende.

Wie auch immer: Tatsache ist, dass heutzutage ein Angriff eines gesunden Wolfes auf einen Menschen, wie 2025 in den Niederlanden geschehen[18, 19], sehr unwahrscheinlich ist. Verglichen mit den typischen Risiken der heutigen Zeit, etwa beim E-Bike-Fahren oder beim Wechsel des Leuchtmittels der Küchenlampe schwer zu verunglücken, ist das Risiko, von einem Wolf verletzt zu werden, extrem gering und damit statistisch vernachlässigbar. „Statistisch vernachlässigbar" bedeutet aber auch: „Das Risiko ist nicht null[95]!" Aus diesem Grunde ist es im Rahmen des Wolfsmanagements (vgl. Kapitel 10) dringend geboten, die Scheu der Wölfe vor dem Menschen aufrechtzuerhalten, die Dichte der Beutetiere in einer angemessenen Höhe zu halten und geeignete Maßnahmen der Tollwutprophylaxe zu betreiben.

5. EINE ART VERSCHWINDET ...

Um die Prozesse, die zum Aussterben des Wolfes in bestimmten Regionen Europas führten, zu verstehen, müssen wir zunächst auf die soziale Situation der Menschen in der beginnenden Neuzeit blicken. Der ursprüngliche Lebensraum des Wolfes umfasste einst nahezu die Landflächen der gesamten Nordhalbkugel der Erde.

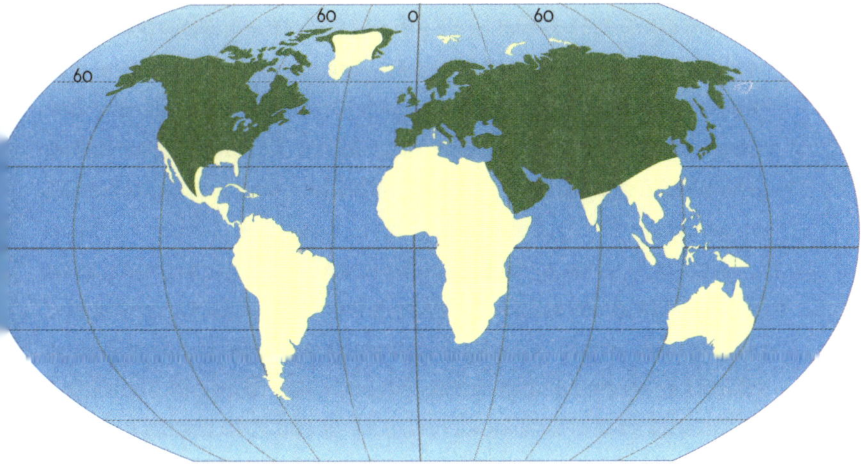

Abb. 27: Ursprüngliches weltweites Verbreitungsgebiet des Wolfes

Als die Menschen begannen, sesshaft zu werden, waren Wölfe nicht länger Mitlebewesen nomadischer Jägerkulturen, sondern traten als Nahrungskonkurrenten auf, indem sie landwirtschaftliche Nutztiere erbeuteten. Seitdem wurden Wölfe überall dort, wo die Menschen sich in dauerhaften Siedlungen niederließen, von diesen verfolgt (vgl. auch Kapitel 1). Dies geschah zunächst sicherlich nur im unmittelbaren Umfeld der Siedlungen, während tief in den Wäldern oder Bergen weiterhin Wölfe lebten.

DIE MITTELALTERLICHE RODUNGSPERIODE

Mit zunehmender Ausdehnung der Siedlungen in der früh- und hochmittelalterlichen Wärmeperiode zwischen dem 9. und 14. Jahrhundert kam es zu einem Bevölkerungswachstum, welches auch durch technische Errungenschaften (Pflugschar aus Stahl, Dreifelderwirtschaft) in jener Zeit gefördert wurde. In der Folge drangen Menschen immer weiter in die Wälder vor. Während noch um das Jahr 1000 auf dem Gebiet des heutigen Deutschland schätzungsweise vier bis sechs Millionen Menschen lebten, können wir bis zum Jahr 1300 etwa von einer Verdoppelung bis Verdreifachung der Bevölkerung auf schätzungsweise zehn bis zwölf Millionen Menschen ausgehen. Das ist immerhin rund ein Achtel der heutigen Bevölkerung des Landes.

Wälder wurden gerodet, das Holz als Bau- und Brennmaterial eingesetzt und auf den neu gewonnenen Freiflächen Ackerbau und Viehzucht betrieben. In dieser Zeit starben in Mitteleuropa bereits die ersten großen Huftierarten langsam aus. Ur oder Auerochse, Wisent und Elch verschwanden weitestgehend. Ob dies allein durch menschliche Aktivitäten (Übernutzung der Wildbestände und Lebensraumverluste) geschah oder ob dabei auch klimatische Faktoren eine Rolle spielten (beim Elch wird das diskutiert), ist unklar. Ebenso unklar ist, welche Rolle diese großen Beutetiere seinerzeit für den Wolf spielten und ob durch diesen Verlust der großen Pflanzenfresser bereits das Verschwinden des Wolfes in Mitteleuropa eingeleitet wurde.

Vermutlich konnten die großen Prädatoren seinerzeit noch auf andere Beutetiere, etwa Rothirsche, Rehe oder Wildschweine, ausweichen. Darüber hinaus spielten sicher auch Nutztiere eine zunehmende Rolle, was die Konflikte mit den Menschen immer weiter verschärfte. Tatsche ist, dass in der mittelalterlichen Rodungsperiode die großen, zusammenhängenden Waldgebiete und letztlich auch die mitteleuropäischen Urwälder zunehmend verschwanden.

Die menschliche Verfolgung allein dürfte bei einem Spitzenprädator, der im Vergleich zu seinen Beutetieren immer selten ist, schon zu ersten signifikanten Rückgängen des Bestandes in der Fläche beigetragen haben. Allerdings gab es in der Geschichte auch immer wieder Phasen, in denen die menschliche Zivilisation auf dem Rückzug war und in denen sich die lokalen Wolfsbestände wieder erholen konnten. Kriege und Seuchenzüge, wie etwa die Pestepidemien oder der Dreißigjährige Krieg, welche eine lokale Reduktion der menschlichen Bevölkerung sowie eine Aufgabe zahlreicher Siedlungen[67] insbesondere während der „Kleinen Eiszeit“ im 16. und 17. Jahrhundert zur Folge hatten, führten auch regelmäßig zu regionalen oder überregionalen Zunahmen des Wolfsvorkommens.

„TÖTE JEDEN WOLF“

Wölfe waren, wenn sie überleben wollten, auf die Annäherung an den Menschen angewiesen. Gleichzeitig stand die Art unter einem hohen Verfolgungsdruck seitens der Menschen. Das Prinzip „Töte jeden Wolf, dessen du habhaft werden kannst" war ein erstes, einfaches, doch seinerzeit wohl tatsächlich alternativloses Managementkonzept für diese Spezies[127].

Dabei handelte es sich noch um echte Mensch-Wildtier-Konflikte, beide, Mensch und Wolf, standen sich praktisch auf Augenhöhe gegenüber. Wenn wir heute in Bezug auf den Wolf von einem Mensch-Wildtier-Konflikt sprechen, so stimmt das so nicht. Es handelt sich eher um einen „conservation conflict", einen Begriff, den man am besten mit „Naturschutzkonflikt" (vgl. Kap. 8) übersetzen kann.

Die mittelalterliche Gesellschaft war eine Agrargesellschaft. Noch lange darüber hinaus, bis ins 19. Jahrhundert, waren, je nach Region, noch bis zu über 90 Prozent aller Menschen in der Landwirtschaft beschäftigt. Die Landwirtschaft ihrerseits war (übrigens bis weit ins 19. und frühe 20. Jahrhundert hinein) ausgesprochen kleinteilig. Eine durchschnittliche Hofstelle (heute würden wir sagen „ein landwirtschaftlicher Betrieb") musste eine meist recht umfangreiche Familie ernähren und bewirtschaftete eine Fläche von wenigen, vielleicht einem halben Dutzend Hektar (in Deutschland vielleicht etwas mehr, in der Schweiz teilweise deutlich darunter), auf der Ackerbau betrieben und einige Schafe oder Ziegen und vielleicht ein oder zwei Rinder gehalten wurden.

Dieser Betrieb versorgte die Familie. Ein Rind galt bereits als ein gewisser Wohlstand, das Ochsengespann zum Pflügen war gemeinschaftliches Eigentum oder man lieh es sich aus. Das Hüten des Viehs wurde oftmals durch die Kinder übernommen, gelegentlich auch durch kommunale Hirten. In den strukturschwachen Regionen Europas bestanden ähnliche Situationen teilweise noch bis Anfang oder Mitte des 20. Jahrhunderts.

Der Verlust eines Schafes oder einer Ziege hatte folglich gravierende Auswirkungen, möglicherweise überstand das Baby den Winter nicht, weil es an Milch mangelte. Der Riss eines Rindes oder

Abb. 28: Einer der letzten in Kärnten erlegten Wölfe (1914)

Pferdes war zu jener Zeit für einen bäuerlichen Betrieb existenzbedrohend. Es war Staatsaufgabe und Christenpflicht, jeden Wolf, der sich in die Nähe menschlicher Siedlungen wagte, zu verfolgen und zu töten.

In bestimmten Regionen, etwa der Schweiz, waren Wölfe bereits im 16. Jahrhundert sehr selten geworden. Der Schweizer Pfarrer, Topograf und Chronist Johannes Stumpf (1500–1576) beschreibt das in seiner „Schweizer Chronik“ im Jahre 1548 folgendermaßen:

„Diese Wölfe findet man in keinem Land Europas minder als im Alpgebirge von Helvetien / sodann einer aus Lamparte [*der Lombardei, Anm. des Verfassers*] heraus / oder aus anderen Deutschen anstossenden Landen herein kommend / sind es seltene Gäste / und werden vom Landvolk grimmig verfolgt / gleich als abgesagte und schädliche Feinde des nutzbaren Viehs. Wieland man eines Wolfs gewahr wird / läutet man Sturm über ihn / als denn empört sich eine ganze Landschaft zur Jagd auf ihn / bis er umgebracht oder vertrieben wurde.“

Auf den Britischen Inseln waren Wölfe um die Mitte des 18. Jahrhunderts (in England bereits zu Beginn des 17. Jahrhunderts) verschwunden. In Dänemark wurden die letzten Wölfe in der zweiten Hälfte des 18. Jahrhunderts erlegt.

Auf dem Gebiet der heutigen Republik Österreich und der Bundesrepublik Deutschland dauerte es bis ins 19. Jahrhundert, bis die Wölfe zwar nicht völlig ausgerottet, doch bis auf wenige Relikte verschwunden waren. Noch heute künden zahlreiche Gedenksteine von der Erlegung eines lokal „letzten“ Wolfes (vgl. Abb. 29).

Abb. 29: Wolfssäulen oder Wolfsdenkmale erinnern an die Erlegung besonders erwähnenswerter oder vermeintlich letzter Wölfe einer Region, hier die Wolfssäule in der Lausnitzer Heide, welche auf die Erlegung eines Wolfes am 11. November 1740 hinweist.

Das weitgehende Verschwinden des Wolfes im 19. Jahrhundert hat sicher auch mit den Folgen der Bürgerlichen Revolution von 1848 zu tun. Die Bindung des Jagdrechtes an das Eigentum von Grund und Boden führte innerhalb weniger Jahre zum großflächigen Verschwinden von Rothirschen, Wildschweinen und Rehen aus der Landschaft durch massive Übernutzung. Damit wurden die wichtigsten Beutearten selten und Wölfe mussten sich, zumindest jenseits der großen in landesherrlichem Besitz gebliebenen Waldgebiete der Mittelgebirge, zunehmend von Nutztieren ernähren. Dies dürfte den Verfolgungsdruck noch einmal deutlich intensiviert haben.

ZUWANDERUNGEN AUS OST- UND OSTMITTELEUROPA

Wie wir in Kapitel 6 noch genauer sehen werden, war die Wolfspopulation Eurasiens als solche nie bedroht. Daher wanderten vor allem aus ost- und ostmitteleuropäischen Populationsteilen im vergangenen Jahrhundert regelmäßig Wölfe in Mitteleuropa zu. Legendär ist etwa ein im Sommer 1948 nach Niedersachsen zugewanderter Wolfsrüde, welcher als „Würger vom Lichtenmoor" in die Annalen einging, bis er im Spätsommer des gleichen Jahres erlegt werden konnte.

Es begann mit dem Riss eines Rindes am 9. Mai 1948. Bis zu seiner Erlegung im Kreis Fallingbostel am 27. August 1948 hatte der Wolf über 60 Rinder sowie über 100 Schafe gerissen und zahlreiche weitere Tiere verletzt. Um des Wolfes habhaft zu werden, wurde u. a. im Juni 1948 die wohl umfangreichste, wenngleich erfolglose Treibjagd des 20. Jahrhunderts in Deutschland mit etwa 1500 Teilnehmern durchgeführt. Zwischen 1952 und 1956 wurden vier Wölfe in der Lüneburger Heide erlegt[84, 118]. 1957 kam es zur Erlegung eines Wolfes in der hessischen Rhön. Im Jahre 1973 wurde ein weiterer Wolf im

Kreis Rotenburg an der Wümme in Niedersachsen erlegt. Möglicherweise kamen auch einige Individuen bei Kollisionen mit Kraftfahrzeugen ums Leben.

Mit dem „Eisernen Vorhang", der für Menschen, aber eben auch für große Tiere weitgehend undurchlässigen Grenze zum Einflussbereich des damaligen sozialistischen Osteuropas, versiegte die Zuwanderung einzelner Wölfe nach Westdeutschland nahezu vollständig.

Auch in das Gebiet der damaligen DDR kam es weiterhin zu regelmäßigen Zuwanderungen durch Individuen aus Ost- bzw. Ostmitteleuropa. Der Wolf unterlag in der DDR bis 1992 dem Jagdrecht. Zuwandernde Individuen wurden auch regelmäßig bis in die 1980er-Jahre hinein erlegt oder kamen anderweitig zu Tode[37, 57]. Zwischen 1945 und 2000 handelt es sich dabei, soweit bekannt, um 25 Individuen[13]. Das bedeutet, dass mindestens alle zwei Jahre ein Wolf in die damalige DDR zugewandert sein muss. Gehen wir realistischerweise von einer ebenso hohen Dunkelziffer aus, so können wir die jährliche Zuwanderung mindestens eines Individuums annehmen.

Zwei Faktoren änderten die Situation in den 1990er-Jahren: einerseits der strenge Schutz des Wolfes, zum anderen der Abbau der trennenden Strukturen in Form der Grenzbefestigungsanlagen der damaligen DDR. Dies und die seit den 1970er-Jahren deutlich positivere Wahrnehmung der großen Prädatoren (Luchs, Wolf und Braunbär) in der Öffentlichkeit und eine entsprechend veränderte Rechtsetzung (vgl. Kapitel 9) machten den Weg für eine Wiederbesiedlung Westeuropas durch den Wolf wieder frei.

6. … UND KEHRT WIEDER ZURÜCK

Wie wir gesehen haben, bedurfte es viele Jahrhunderte intensiver Verfolgung durch den Menschen, bis der Wolf im Westen Eurasiens schließlich Ende des 19. und Anfang des 20. Jahrhunderts weitgehend verschwunden war. Diese lange Zeit weist einerseits auf eine hohe Resilienz der eurasischen Wolfspopulation mit ihren jeweiligen Teilpopulationen hin. Zum anderen liegen die Ursachen des (lokalen) Aussterbens des Wolfes (beim Braunbären und Luchs verhält es sich ähnlich) in einer Kombination aus direkter menschlicher Verfolgung einerseits und der Ausrottung von Beutearten andererseits.

Der Lebensraumverlust scheint beim Verschwinden der großen Prädatoren eher eine Nebenrolle gespielt zu haben und war offensichtlich deutlich weniger relevant als bei vielen anderen Arten bzw. Artengruppen. Bekanntermaßen funktionieren Wiederansiedlungsprojekte etwa beim Luchs oder beim Braunbär auch vergleichsweise gut, sobald die ungeregelte, nicht nachhaltige Verfolgung eingestellt wird und hinreichend Beute vorhanden ist. Anders als bei Luchs oder Braunbär hatte man beim Wolf in der Vergangenheit eine aktive Wiederansiedlung durch den Menschen in Mitteleuropa offiziell nie ernsthaft erwogen, auch wenn eine solche gelegentlich postuliert und auch mit Argumenten untermauert[124] wird. Man kann eine gelegentliche Freisetzung von Wölfen oder auch Wolfshunden, welcher Herkunft auch immer, zwar nie beweisend ausschließen. Allerdings ist eine Freisetzung solcher Tiere weder dokumentiert noch würde sie wirklich Sinn ergeben, da wir beim Wolf hier am westlichsten Rand des großen eurasischen Wolfsvorkommens eine solch hohe Wachstumsrate der Population haben, dass entsprechende Freisetzungen, die illegal mit einem großen logistischen Aufwand erfolgen müssten, im Grunde überflüssig wären. Dass eine aktive Ansiedlung einzelner Wölfe durch den Menschen in sehr speziellen Situationen naturschutzfachlich durchaus auch sinnvoll sein könnte, steht auf einem anderen Blatt und wird in Kapitel 9 noch genauer erläutert.

ZUWANDERUNGEN IN DIE DDR

Im Norden, Osten und Südosten Europas und gibt es bis heute stabile Wolfsvorkommen, von denen aus die Wiederbesiedlung des übrigen Europa (mit Ausnahme der Britischen Inseln) erfolgen konnte.

Wie wir in Kapitel 5 sehen konnten, gab es bis ins späte 20. Jahrhundert immer wieder entsprechende Zuwanderungen einzelner Wolfsindividuen aus diesen Regionen, teilweise bis nach Mitteldeutschland, teilweise aber z. B. auch über die Elbe bis nach Niedersachsen. Dieses Phänomen hat seine Grundlage in einer arttypischen Eigenschaft: Junge Wölfe wandern aus einem Sozialverband, d. h. einem Wolfsrudel bzw. dessen Territorium, regelmäßig ab, um eine Übernutzung des Lebensraumes und der vorhandenen Beute zu vermeiden. Diese Verhaltensweise fördert gleichzeitig den genetischen Austausch innerhalb der Population und vermeidet dadurch einen Verlust an genetischer Anpassungsfähigkeit (vgl. Kapitel 7).

Noch nicht wirklich verstanden ist die Frage, welches die Faktoren sind, welche die Wanderrouten beeinflussen. Es wird berichtet, dass regelmäßig über Jahrzehnte, manchmal Jahrhunderte immer wieder ähnliche Routen gewählt werden, aus der Praxis werden uralte sog.

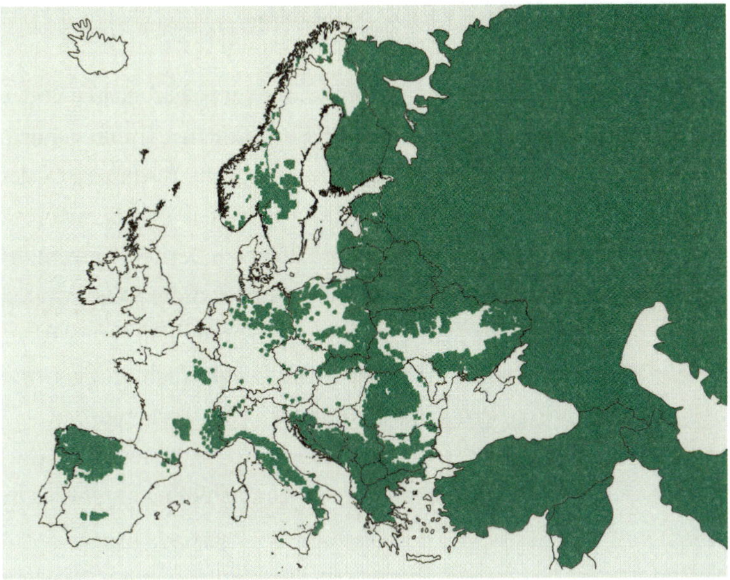

Abb. 30: Aktuelle Verbreitung des Wolfs in Europa

„Wolfspässe" beschrieben. Die Wanderstrecken einzelner Wölfe sind individuell ausgesprochen unterschiedlich und können von wenigen Dutzend bis weit über 1000 Kilometer betragen[21, 36, 39, 167]. Am Ende einer solchen Wanderung steht normalerweise die Sesshaftigkeit, d. h., das Tier besetzt, idealerweise zusammen mit einem lokal vorgefundenen „ledigen" Partner, ein eigenes Territorium, welches nicht selten die Basis für ein späteres Rudelterritorium darstellt.

Wie in Kapitel 5 beschrieben, gelangten auf diese Weise noch im späten 20. Jahrhundert immer wieder Tiere nach Mitteldeutschland, welche nach damaligem DDR-Recht völlig legal und ganz selbstverständlich getötet, d. h., in der Regel von Jägern erlegt wurden[36]. Eine große Beutegreiferart war mit den Erfordernissen einer sozialistischen Landwirtschaft, insbesondere einer großflächigen und konzentrierten Weidetierhaltung, nicht vereinbar.

NACH DER WIEDERVEREINIGUNG

Im Rahmen der Wiedervereinigung beider deutscher Staaten änderte sich die Rechtslage: Auf Ebene der Europäischen Union gehörte der Wolf zu den streng geschützten Tierarten gemäß Anhang IV der Flora-Fauna-Habitat-Richtlinie (Richtlinie 92/43/EWG). Bereits 1978 hatte die Bundesrepublik Deutschland die sog. „Berner Konvention" unterzeichnet (vgl. Kapitel 9). Somit unterstand der Wolf ab den 1990er-Jahren auch auf dem Gebiet der früheren DDR bundesdeutschem Naturschutzrecht. Ab sofort waren Beeinträchtigungen wie absichtliches Stören, Fangen und Töten der Tiere verboten.

Interessanterweise wurde eine (seinerzeit durchaus mögliche) Aufnahme des Wolfes ins Jagdrecht und Unterstellung unter die entsprechenden Artenschutzvorschriften des Jagdrechts gerade von Vertretern der Jägerschaft, etwa dem Präsidenten des sächsischen Landesjagdverbandes, mit Hinweis auf die dann fragliche Ersatzpflicht bei Schäden an Nutztieren vehement abgelehnt[117].

Der von nun an bestehende Schutzstatus, zusammen mit weiteren – aus Naturschutzsicht – günstigen Umständen, etwa einer ökonomischen und sozialen Umbruchsituation insbesondere in Ostsachsen und Brandenburg, einer (noch) vergleichsweise hohen Dichte an potenziellen Beutetieren der Wölfe und einem vergleichsweise hohen Maß an Regelkonformität der Jäger, aber auch der Nutztierhalter, bereiteten den Boden für die Ansiedlung des ersten reproduzierenden Wolfspaares und damit des ersten territorialen Wolfsrudels seit dem 19. Jahrhundert.

DAS MUSKAUER WOLFSRUDEL

Das erste sesshafte (territoriale) Wolfspaar seit dem Verschwinden der Wölfe im 19. Jahrhundert konnte seit 1998 in der Muskauer Heide in Sachsen beobachtet werden, im Jahr 2000 kamen dann zum ersten Mal Welpen zur Welt. Zunächst verlief die weitere Ausbreitung eher langsam. So fanden sich im benachbarten Brandenburg erste Wolfsnachweise (territorialer) Einzeltiere im Jahre 2006, das erste territoriale Paar etablierte sich hier im Jahr 2007 und Welpen wurden in Brandenburg erstmals im Jahre 2009 nachgewiesen[162].

Die Tatsache, dass das nach Sachsen zweite Bundesland erst nahezu ein Jahrzehnt später nachhaltig vom Wolf besiedelt wurde, ist allerdings nichts Außergewöhnliches. Exponentielle Wachstumsprozesse – und die Ausbreitung des Wolfes in Deutschland folgt derzeit einer nahezu exponentiellen Wachstumskurve – beginnen immer sehr langsam, um dann umso schneller vonstatten zu gehen.

Exponentielles Wachstum

Ein sog. exponentielles Wachstum (vgl. Abb. 31, linke Seite) bedeutet, dass die Anzahl an Individuen, also etwa Wölfen in einem bestimmten Gebiet, mit zunehmender Zeit in jeweils gleich langen Zeitintervallen immer schneller ansteigt. Dies ist ein natürlicher Prozess, der auftritt, wenn die Bedingungen für die Vermehrung und das Überleben der Wölfe optimal sind. Allerdings ist dieses Wachstum nicht unbegrenzt, da die Ressourcen wie Nahrung und Lebensraum begrenzt sind und das Wachstum irgendwann abflachen oder sogar in eine Sättigungsphase übergehen kann, wenn die Tragfähigkeit des Gebietes erreicht ist (vgl. Abb. 31 rechte Seite). Das Problem im Zivilisationsraum ist aber, dass eine solche Selbstregulation erst einsetzen würde, nachdem die Akzeptanz der Menschen gegenüber den Wölfen bereits bei Weitem überschritten ist.

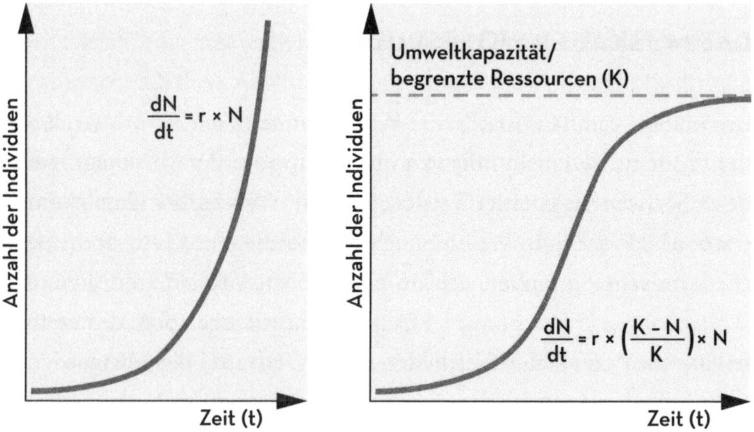

Abb. 31: Die Kurve links zeigt ein exponentielles Wachstum, die Kurve rechts zeigt ein sog. logistisches Wachstum, welches durch die Kapazität der Umwelt (begrenzte Ressourcen, z. B. Nahrung) limitiert wird.

Mit dem sog. „Muskauer Wolfsrudel" begann die Erfolgsgeschichte des Wolfes in Deutschland im 21. Jahrhundert. Leider, auch das ist Teil der Geschichte, war es keine Erfolgsgeschichte für die Weidetierhaltung und insbesondere die Schäferei, wie wir in Kapitel 8 noch sehen werden.

WIEDERBESIEDLUNG IN DEUTSCHLAND

Die Wiederbesiedlung Deutschlands erfolgte vergleichsweise vorhersehbar, zumindest für diejenigen Praktiker und Wissenschaftler, welche mit Wölfen und deren Biologie hinreichend Erfahrung hatten. Demgegenüber erwiesen sich Voraussagen auf Basis mathematischer Modelle regelmäßig als mehr oder weniger unzuverlässig. Erst viel später, praktisch im Nachhinein, gelingt es einigermaßen, die Algorithmen der Modelle an die Realität anzupassen[138]. Hier zeigt sich ein weiteres Mal, dass modellbasierte wissenschaftliche Untersuchungen für Prognosen komplexer Zusammenhänge nur bedingt geeignet und für die Naturschutzpraxis nicht unbedingt hilfreich sind.

Wissenschaftliche Modelle: Glaskugel oder hilfreiches Planungsinstrument?

Normalerweise sollte das kontrollierte Experiment die Basis jeder wissenschaftlichen Arbeit sein. Nun gibt es viele Fragen, die sich mit Experimenten nicht bearbeiten lassen, denken wir etwa an komplexe Ökosysteme. Diese lassen sich zwar in einzelne ihrer Komponenten, doch nicht als Ganzes oder auch nur in umfangreicheren Ausschnitten experimentell abbilden.

Daher greifen Wissenschaftler mit zunehmenden Datenmengen und immer mehr Rechenkapazität gerne auf Modelle zurück, welche eine aktuelle Situation oder auch deren zukünftige Entwicklung mittels mathematischer Algorithmen in ihren Prozessen und ihrer Funktionalität beschreiben sollen.

Ein Modell stellt somit eine rechnerische Annäherung an eine vermutete Realität dar, gespeist aus einer Vielzahl (oft empirischer) Daten unterschiedlicher Qualität. Die immer höhere Komplexität von Modellen führt nun regelmäßig zu zwei gravierenden Problemen: Zum einen finden mit höherer Komplexität auch immer mehr Einflussfaktoren in ein Modell Eingang. Jeder dieser Faktoren muss allerdings durch Daten (welche ihrerseits fehlerhaft sein können) untersetzt werden. Die Anzahl der Fehlerquellen nimmt also zu. Zum anderen bedeutet größere Komplexität auch, dass selbst für Fachleute die Erfordernis, der Sinn und die Validität ökologischer Modelle keineswegs immer transparent sind.

Der Wert ökologischer Modelle liegt letztlich darin, komplexe Vorgänge vom Grundsatz her zu verstehen. Sie sind aber keine Instrumente, mit denen die Zukunft vorausgesagt werden kann. Daher wird man von seriösen Wissenschaftlern auf der Basis von Modellen auch keine „Prognosen“ hören, sondern sie werden uns unterschiedliche Szenarien liefern, Denkansätze und Diskussionsgrundlagen, wie eine zukünftige Entwicklung aussehen *kann*.

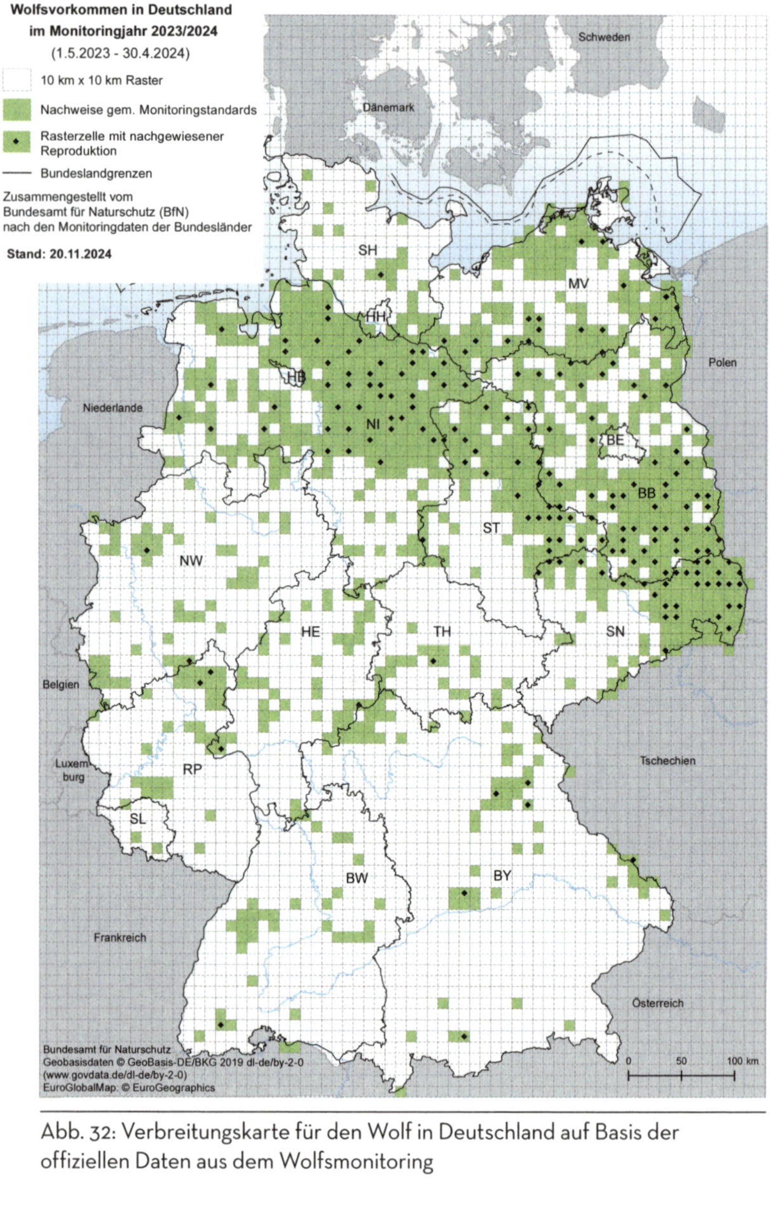

Abb. 32: Verbreitungskarte für den Wolf in Deutschland auf Basis der offiziellen Daten aus dem Wolfsmonitoring

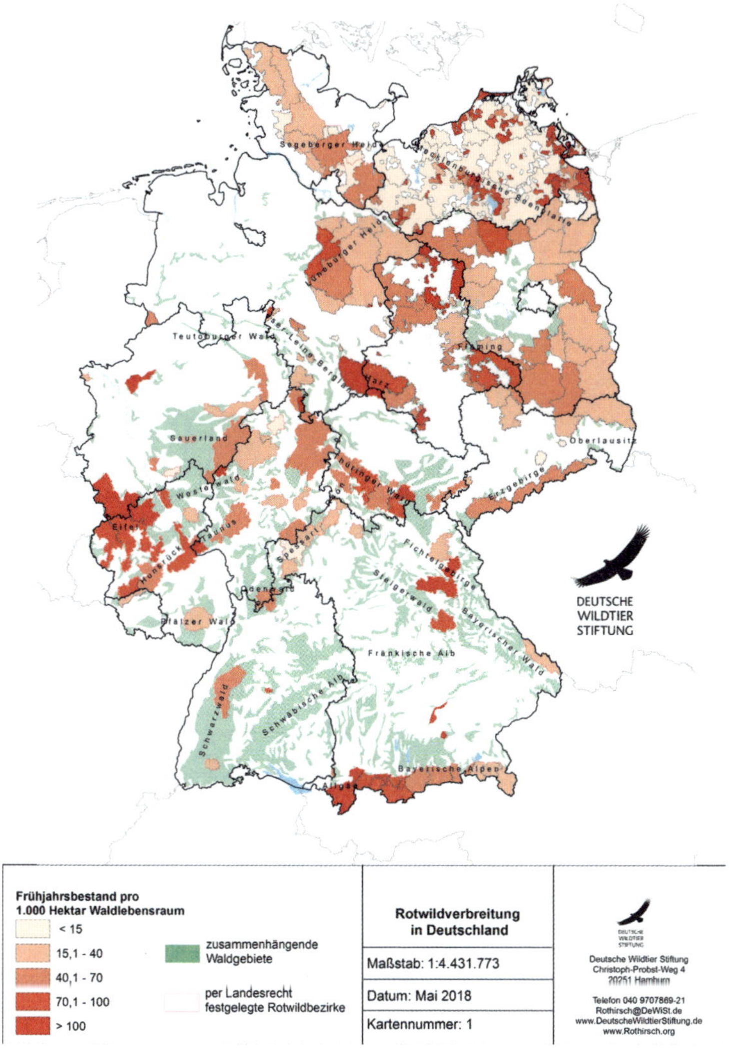

Abb. 33: Verbreitung des Rotwildes in Deutschland

Die Ausbreitung der Wölfe erfolgte, von Sachsen ausgehend, einer nordöstlichen Richtung bis nach Niedersachsen, später auch Nordrhein-Westfalen, Schleswig-Holstein und in die Niederlande (vgl. Abb. 32). Wir erkennen zunächst einen „Korridor" mit einer vergleichsweise hohen Zahl sesshafter Wolfsrudel. Dieser spiegelt auch die wesentliche Ausbreitungsrichtung in den vergangenen 25 Jahren wider. Daraus lässt sich die Hypothese ableiten, dass abwandernde Jungwölfe sich tendenziell in Richtung Nordost bewegen. Eine plausible Erklärung für dieses Phänomen ist die Beobachtung, dass Wildtiere sich in ihrem Lebensraum bevorzugt gegen den Wind bewegen, um (als sog. „Makrosmaten", d. h. mit dominierendem Geruchssinn ausgestattete Lebewesen) Gefahren rechtzeitig ausweichen zu können. Gleichzeitig fällt beim Vergleich mit der Verbreitungskarte einer Hauptbeuteart, dem Rothirsch (vgl. Abb. 33), leicht auf, dass die sesshaften Wolfsrudel offenbar in den Gebieten häufiger sind, in denen Rotwild flächendeckend in zumindest mittlerer Dichte vorhanden ist.

Oder andersherum gesagt: Dort, wo Rotwild in der Fläche fehlt, weil bis zum heutigen Tag praktisch ein Ausrottungsgebot für diese Wildart existiert, insbesondere in Baden-Württemberg und Bayern, erfolgt die Besiedlung durch Wölfe bislang deutlich verzögerter. Wir werden auf diese Beobachtung im Kapitel 10 noch einmal zurückkommen.

Über den weiteren Ablauf der Besiedlung Süd-, Südwest- und Westdeutschlands in den kommenden Jahren können wir daher auch nur spekulieren. Sicher wird der Mangel an Beute in Gestalt vor allem des Rotwildes die Besiedlung verzögern. Verhindert wird die Besiedlung dadurch allerdings nicht. Möglicherweise wird es vermehrt zu Übergriffen auf Nutztiere kommen, möglicherweise werden sich dort größere Rudelterritorien und eine geringere Wolfsdichte in der Fläche ausbilden, als dies derzeit in Mitteldeutschland der Fall ist, möglicherweise werden sich aber auch ganz andere Konstellationen ergeben – wir wissen es nicht. Die Besiedlung Deutschlands erfolgte im Wesentlichen aus Nachkommen der hierzulande ansässigen Wolfsfamilien, teilweise handelt es sich aber auch um weitere Zuwanderungen aus Polen und anderen ostmitteleuropäischen Regionen.

Im Jahr 2017 wurde im Bayerischen Wald erstmals auch ein Wolfspaar mit Welpen bekannt, dessen Rüde aus der apennino-alpinen Teilpopulation stammte, während die Fähe aus der baltisch-osteuropäischen Teilpopulation stammte und aus Mitteldeutschland zugewandert war. Solche „Wiedervereinigungen" von europäischen Teilpopulationen des Wolfes zeigen, dass wir in Europa mittlerweile wohl von einer einzigen, großen „eurasischen Wolfspopulation" (vgl. auch Kapitel 9) ausgehen müssen.

Die Besiedlungsdynamik am westlichen Ausläufer dieser Population ist bis heute ungebrochen, während etwa in Brandenburg oder im sächsischen Flachland der vorhandene Lebensraum bereits weitestgehend ausgenutzt wird. Lediglich im Bereich des Erzgebirges finden wir derzeit in Sachsen noch Raum für eine Neubesiedlung. Von einem „gesättigten" Lebensraum zu sprechen, wie dies gelegentlich geschieht, ist allerdings nicht ganz korrekt. Noch wissen wir nämlich nicht, wie sich im Zivilisationsraum die Umfänge der Rudelterritorien anpassen können. So ist es gut möglich, dass eine zunehmende Annäherung an menschliche Strukturen (vgl. Kapitel 10) mittel- und langfristig auch dazu führen kann, dass noch deutlich mehr Sozialverbände auf der gleichen Fläche leben können als bisher. Ob es dazu kommen wird oder ob in Zukunft hier natürliche (Nahrungsverfügbarkeit) oder durch den Menschen (Entnahmen) gesetzte Grenzen wirksam werden, ist derzeit eine offene Frage, auf die wir in Kapitel 11 noch einmal eingehen werden.

7. SOZIO-ÖKOLOGIE DER WÖLFE – EINE KURZE EINFÜHRUNG

Auf der gesamten Nordhalbkugel gibt es kaum einen (terrestrischen) Lebensraum von den Küsten bis in die Hochgebirge Zentralasiens, welcher nicht von Wölfen besiedelt ist oder zumindest früher besiedelt war. Damit gehört der Wolf zu den am weitesten verbreiteten Säugetieren auf der Nordhalbkugel. Die Art versteht es, sich auch an dichtbesiedelte, ja sogar an urbane Regionen erfolgreich anzupassen. In Europa sind es etwa die Wölfe in der rumänischen Großstadt Brasov (Kronstadt), welche uns zeigen, wie zivilisationsnah Wölfe leben können, sofern sie sich sicher fühlen. Hinreichend Beute und ein sicherer Rückzugsraum zur Geburt und Betreuung der Welpen in den ersten Lebenswochen sowie die Abwesenheit unkontrollierter Verfolgung durch den Menschen bilden die wichtigsten Kriterien für die Ansiedlung von Wölfen.

Wölfe leben typischerweise in Familienverbänden, den Rudeln. Ein Wolfsrudel besiedelt einen bestimmten mehr oder weniger abgegrenzten Landschaftsteil, ein sog. „Territorium". Da die ganze Familie dieses Territorium nutzt, sprechen wir von einem sog. „Rudel- oder Gruppenterritorium". Je nach Rudelgröße und regionalem Nahrungsangebot umfasst ein solches Wolfsterritorium derzeit in Europa etwa eine Fläche zwischen 7000 und 30 000 Hektar[127]. Die Abgrenzung des Territoriums erfolgt vor allem durch regelmäßiges Setzen von Duftmarken über den Urin oder die Losung, aber auch akustisch: Auch wenn das Heulen der Wölfe vor allem einen sog. „Stimmfühlungslaut" innerhalb der Familie darstellt („hier bin ich, wo bist du"), so dient es auch der Kommunikation mit anderen Wolfsrudeln und verhindert beispielsweise, dass zwei Wolfsrudel zufällig an den Grenzen ihrer Territorien aufeinandertreffen[59].

Territorium und Streifgebiet

Wildtiere nutzen die Landschaft zeitlich und räumlich in unterschiedlicher Weise. Ein sog. „Streifgebiet" beschreibt die Fläche, welche ein Individuum oder eine Gruppe von Individuen in einem bestimmten Zeitraum (z. B. im Sommer, im Winter, während eines Jahres, während des ganzen Lebens) nutzen. Dabei ist noch nichts darüber gesagt, wie sich das Verhältnis zu anderen Individuen der gleichen Art darstellt. Diese können toleriert werden oder man kann sich zeitweise mit diesen zusammenschließen. Letzteres ist beispielsweise beim Rothirsch der Fall.
Wird ein bestimmtes Gebiet nicht nur genutzt, sondern auch markiert (geruchlich durch Duftmarken, optisch oder akustisch) und bei Bedarf gegen andere Individuen derselben Art verteidigt, sprechen wir von einem sog. „Territorium". Territorien können von einzelnen Tieren oder Gruppen (typischerweise Familienverbänden wie beim Wolf) genutzt werden. Zeitlich gesehen können sie saisonal (wie etwa beim Reh) oder ganzjährig (wie beim Wolf) besetzt werden. Dazwischen gibt es zahlreiche Varianten, beispielsweise kann die Größe des Territoriums jahreszeitlich variieren oder sich zwischen den Geschlechtern unterscheiden, oder aber beide Geschlechter können unterschiedliche, aber überlappende Territorien (z. B. beim Fischotter) besetzen.

Abb. 34: Ein Wolfsrudel (hier im Superior National Forest, Minnesota, USA) umfasst je nach geografischer Region, Lebensraum und Jahreszeit meist zwischen fünf bis zehn, teilweise aber auch deutlich mehr Individuen.

WOLFSRUDEL

Ein Wolfsrudel besteht normalerweise aus einem sesshaften, sich fortpflanzenden Paar, welches z. B. als Alpha-Fähe und Alpha-Rüde[179] oder als dominierendes Paar bezeichnet wird. Hinzu kommen dessen Nachkommen, die Welpen des aktuellen Jahres (s. u.) sowie meist einige deren älterer Geschwister, also Welpen des vergangenen Jahres oder früherer Jahre. Selten finden sich noch weitere Tiere beim Rudel, z. B. Verwandte des dominierenden Rüden oder der dominierenden Fähe[111]. Die Anzahl der Rudelmitglieder schwankt je nach geografischer Region, Lebensraum und Jahreszeit. In Mitteleuropa bestehen stabile Wolfsrudel in ihrer Grundstruktur meist aus fünf bis zehn, gelegentlich aber auch bis zu 14 Individuen[127]. Der größte bislang dokumentierte Familienverband umfasste 42 Individuen[38] und wurde in Nordamerika beobachtet.

Im Norden sind die Sozialverbände tendenziell größer als im Süden, das gilt für Europa[77] ebenso wie für Nordamerika[55]. Dies ließe sich mit der Hypothese erklären, dass die maximale Größe eines Wolfsrudels einerseits durch die Abundanz (Anzahl), andererseits durch die durchschnittliche oder maximale Größe der Beutetiere bestimmt wird. So sollten alle Rudelmitglieder ihren täglichen Nahrungsbedarf an möglichst einem Beutetier stillen können[78]. Die Rudelmitglieder leben in engem sozialem Zusammenhalt, d. h., sie wandern, jagen und ruhen gemeinsam. Allerdings kommt es regelmäßig vor, dass sich kleinere Untergruppen bilden oder Wölfe auch einmal allein unterwegs sind.

Im Wolfsrudel herrscht eine deutlich erkennbare Rangordnung, welche allerdings unter den Jungtieren regelmäßig Veränderungen unterworfen sein kann[178]. Von Ausnahmen abgesehen[127], paaren sich nur die beiden dominierenden Individuen, die bis ins hohe Alter fortpflanzungsfähig bleiben[105]. Die Paarungszeit liegt im Februar und

Abb. 35: Wurfhöhle

März. Nach einer Tragezeit von 62 bis 64 Tagen bringt die Fähe meist im Mai oder Juni typischerweise vier bis sechs – gelegentlich aber auch deutlich weniger oder deutlich mehr – Welpen zur Welt[70]. Dies geschieht typischerweise in einer selbst gegrabenen oder erweiterten Wurfhöhle (vgl. Abb. 35), gelegentlich auch im Schutze des Wurzeltellers eines umgestürzten Baumes oder ähnlicher Strukturen.

KOMMUNIKATION

Wölfe sind sog. Makrosmaten, d. h., sie leben in einer Riechwelt. So wie wir Menschen in unseren Gedanken vor allem Bilder, also optische Eindrücke entwerfen, so leben Wölfe (und auch Hunde) in einer Vorstellungswelt aus Gerüchen. Das betrifft einerseits natürlich das Aufspüren potenzieller Beutetiere, andererseits aber auch die Kommunikation untereinander. Innerhalb eines Sozialverbandes sind Gerüche mit Informationen über Identität, Geschlecht, Fortpflanzungsbereitschaft, Sozialstatus, Emotionen, Alter, Ernährung und vielem mehr verbunden[59]. Die Geruchssignale gehen vom gesamten Körper eines Wolfsindividuums aus, besonders aber von den Schweißdrüsen an den Pfoten sowie den Analdrüsen, den Drüsen im Genitalbereich und dem Speichel und werden auch durch den Urin und die Losung vermittelt[34, 132, 134].

Auch die akustische Kommunikation ist bei Wölfen deutlich ausgeprägt. Bereits im Alter von vier Wochen geben die Welpen nahezu alle Laute von sich, welche auch für erwachsene Wölfe typisch sind. Viele dieser Laute kennen wir auch vom Hund. Die wichtigste akustische Form der Kommunikation über weite Distanzen ist das Heulen (vgl. Abb. 36). Der tiefe, durchdringende und langgezogene Laut ist in offenen Landschaften in bis zu 16 Kilometer Entfernung[66] im Wald immerhin noch bis zu 10 Kilometer[60] identifizierbar.

Abb. 36: Das Heulen der Wölfe ist ein Stimmfühlungslaut, welcher der Kommunikation innerhalb eines Rudels, aber auch zwischen unterschiedlichen Rudeln dient.

Das Heulen ist ein sog. „Stimmfühlungslaut“, welcher der innerartlichen sozialen Kontaktaufnahme dient. Er stärkt die sozialen Bindungen innerhalb eines Wolfsrudels, hilft beim Zusammenfinden der Gruppenmitglieder oder potenzieller Paarungspartner. Heulen dient aber auch der Kommunikation zwischen unterschiedlichen Wolfsrudeln[61, 62] und hilft so dabei, ein zufälliges Eindringen in ein fremdes Territorium zu verhindern.

AKTIVITÄTSMUSTER

Im Laufe eines Jahres zeigen die Wölfe typischerweise zwei unterschiedliche Phasen, eine „sesshafte“ und eine „nomadische“ Phase[107]. Diese, darauf sei hier ausdrücklich hingewiesen, sind nicht mit der „Sesshaftigkeit“ im Sinne einer Territorialität des ganzen Rudels (s. o.) oder der Abwanderung einzelner Tiere (s. u.) zu verwechseln.

Die sesshafte Phase beginnt unmittelbar nach der Geburt der Welpen. Die erwachsenen Rudelmitglieder halten sich in den folgenden vier Monaten schwerpunktmäßig in der Nähe der Wurfhöhle auf. Während die Mutter und ggf. ein weiteres Rudelmitglied über die Welpen wachen, unternehmen die übrigen Rudelmitglieder Jagdausflüge und kehren mit Beute wieder ins Umfeld der Höhle zurück[79, 111, 151]. Bei drohender Gefahr oder deutlichen Störungen erfolgt ein Umzug mit den Welpen.

Ab einem Lebensalter von etwa drei Wochen kommen die Welpen regelmäßig aus dem Bau und erkunden dessen Umgebung. Mit etwa acht bis zehn Wochen haben sie den Bau verlassen, werden aber über größere Entfernungen, etwa von Ruheplatz zu Ruheplatz, getragen, bis sie selbstständig den erwachsenen Tieren folgen. Im Herbst begleiten die Welpen die erwachsenen Tiere zum Jagen, d. h., jetzt beginnt die sog. nomadische Phase. Die täglichen Aktivitätsmuster bei Wölfen sind von einer Vielzahl von Faktoren, z. B. Jahreszeit, Beutesituation, Witterung oder menschlichen Störungen abhängig. Deren Bedeutung wiederum wechselt je nach Situation und Region[127]. Auch zwischen Wolfsindividuen eines Rudels finden sich unterschiedliche tägliche Aktivitätsmuster[22]. Vermutlich ist die früher regelmäßig beschriebene deutliche Nachtaktivität der Wölfe im Wesentlichen auf Störungen durch menschliche Präsenz zurückzuführen, zumindest in Regionen, in denen eine Verfolgung durch den Menschen stattfindet.

WELPENSTERBLICHKEIT

Die Welpensterblichkeit bei Wölfen ist von Natur aus hoch, insbesondere in den ersten Lebenswochen und dann wieder im Herbst und Winter des ersten Lebensjahres[169]. Orientierenden Schätzungen aus Nordamerika zufolge liegt die Welpensterblichkeit bei rund 75

Prozent der Welpen eines Jahrganges[137]. Für die Białowieźa-Heide im Osten Polens wurde eine Sterblichkeit bereits in den ersten drei Lebensmonaten von 50 Prozent ermittelt[75]. Dabei besteht auch eine Abhängigkeit von der Größe des Rudels[80]. Welpen aus größeren Rudeln besitzen gegenüber Einzelpaaren oder kleineren Verbänden eine höhere Wahrscheinlichkeit, das erste Lebensjahr zu überstehen.

Das hängt nicht zuletzt mit der Sozialstruktur und der Aufgabenverteilung im Wolfsrudel zusammen: Da die Aufzucht der Welpen große Mengen an Beute erfordert, haben diejenigen Welpen bessere Startchancen, bei denen eine größere Zahl an Geschwistern beim Beuteerwerb und Zutragen der Beute mitwirkt. Ja größer ein Wolfsrudel ist, desto größer ist normalerweise auch die Zahl derjenigen Individuen, welche das Elternpaar bei der Aufzucht der Jungtiere unterstützen.

SOZIALBINDUNG INNERHALB DES RUDELS

Die oben beschriebene Struktur eines Wolfsrudels bildet eine Art „soziales Grundgerüst", innerhalb dessen sich in der Praxis eine große Vielfalt an Bindungen und Hierarchien zwischen den einzelnen Rudelmitgliedern entwickelt. Insbesondere unter den beim Rudel verbliebenen älteren und jüngeren Geschwistern entwickeln sich komplexe Interaktionen und Dominanzrelationen.

Entscheidend ist, dass die Mehrzahl der Rudelmitglieder blutsverwandte Individuen sind. Damit erklärt sich evolutionsbiologisch auch das hohe Maß an altruistischem Verhalten der Geschwister bei der Versorgung der Welpen[47]. Die ersten spielerischen Kämpfe zwischen Welpen eines Wurfes beobachten wir im Alter von etwa einem Monat. Aus derartigen immer wiederkehrenden Auseinandersetzungen zwischen Geschwistern bildet sich mit der Zeit eine Rangordnung heraus: Die größten und aggressivsten Tiere werden zu den dominanteren Individuen unter den Welpen. Die Rangordnung im Rudel ist ein Grund für den sozialen Frieden und Zusammenhalt, aber gleichzeitig auch für die Entscheidung, wer beim Rudel verbleibt und wer es verlässt.

Das Leben eines Wolfsrudels ist immer eine Balance aus „zentripetalen“ und „zentrifugalen“ Kräften: aus Verhaltensweisen, welche das Gefühl der Zusammengehörigkeit stärken, wie etwa positive Bindungen zwischen Individuen, Hüten der Welpen oder Sexualität, und aus solchen, welche die Abwanderungstendenzen fördern, wie etwa Konflikte innerhalb des Rudels[98, 130, 149].

VERBLEIB UND ABWANDERUNG

Bei den meisten Tierarten verlassen die Jungtiere zu einem bestimmten Zeitpunkt den Familienverband. Dies geschieht etwa im Herbst des ersten Lebensjahres oder wenn die Jungtiere des nächsten Jahres zur Welt kommen oder in einer bestimmten Entwicklungsphase (z. B. mit der Geschlechtsreife).

Beim Wolf ist das im Grunde nicht anders, aber insgesamt deutlich komplexer. So verlässt ein Teil der Welpen bzw. Jungtiere meist im Alter von ein bis zwei Jahren das Rudel. Andere Tiere bleiben länger beim Familienverband, teilweise bis zum fünften Lebensjahr und darüber hinaus[109], und helfen dem Elternpaar bei der Aufzucht der Welpen der nächsten Saison. Die Frage, ob bzw. wann die Jungtiere das Rudel verlassen, hängt von zahlreichen Faktoren ab, welche noch nicht alle wirklich verstanden sind. Neben der aktiven Suche nach Paarungspartnern oder der Rangordnung im bestehenden Rudel[127] spielt auch die lokale Lebensraumkapazität (d. h. insbesondere die Beutesituation[130]) eine Rolle.

Die Frage, wie viele Jungwölfe im Rudel verbleiben und wie viele abwandern, ist für das Wolfsrudel letztlich eine Optimierungsaufgabe: Bleiben zu viele Tiere beim Familienverband, könnte in der Folgezeit die Beute im Lebensraum knapp werden. Bleiben zu wenige, sind die Elterntiere im kommenden Jahr möglicherweise mit der Versorgung der Welpen überfordert, und weniger Welpen überleben. Abwandernde Tiere entfernen sich unterschiedlich weit aus dem ursprünglichen Territorium. Es wird von Distanzen von wenigen Kilometern bis über 1500 Kilometer berichtet, wobei etwa 60 Prozent der abwandernden Wölfe sich innerhalb eines Radius von 100 Kilometern niederlassen.

Unter den Jungtieren, welche aus dem Rudelterritorium abwandern, ist die Sterblichkeit vergleichsweise hoch. Insbesondere Konflikte mit Angehörigen anderer Wolfsrudel, deren Territorien die Tiere durchqueren, spielen hier eine Rolle. Es ist naheliegend, dass diese Tiere auch einem höheren Risiko unterliegen, durch Kollisionen auf Verkehrswegen zu Tode zu kommen. Die biologische bzw. ökologische Bedeutung der Abwanderung liegt einerseits darin, eine Überschreitung der Lebensraumkapazität, d. h. insbesondere eine Übernutzung des lokalen Beuteangebotes, zu vermeiden. Zum anderen ist es gerade für große mobile Säugetierarten wichtig, den genetischen Austausch und damit die genetische Vielfalt innerhalb der Population aufrechtzuerhalten. Dabei finden sich auch leichter Paarungspartner, welche nicht unmittelbar miteinander verwandt sind.

Bedeutung genetischer Vielfalt

Wenn wir von Biodiversität sprechen, so denken viele Menschen automatisch an Artenvielfalt, also die Anzahl unterschiedlicher biologischer Arten in einem Ökosystem. Dies ist allerdings nur ein kleiner Teil der Wahrheit und gedanklich irreführend. Biodiversität ist ein Oberbegriff, welcher grundsätzlich drei Ebenen umfasst:

1. Die Vielfalt der Ökosysteme bzw. Biome,
2. die Vielfalt der Arten und
3. die genetische Vielfalt innerhalb der Arten.

Die letztgenannte Ebene, die genetische Vielfalt, ist dabei wohl die selbst in Fachkreisen am ehesten vernachlässigte, wenngleich die bedeutendste: Ohne eine hinreichend große Zahl an genetischen Varianten ist keine Art und damit auch kein Ökosystem langfristig überlebensfähig. Genetische Vielfalt müssen wir uns ein wenig vereinfachend folgendermaßen vorstellen: Jedes Merkmal eines Lebewesens, von der Augenfarbe bis zum Intelligenzquotienten, welches genetisch zumindest mitbeeinflusst ist, wird von einem oder mehreren Genen, also Informationsträgern in Gestalt von DNA-Abschnitten in seiner Ausprägung, (mit)bestimmt. Dabei können sich die DNA-Abschnitte, die Gene, welche die gleiche Funktion haben und somit das gleiche Merkmal steuern, minimal unterscheiden.

Solche Unterschiede fallen im täglichen Leben meist kaum ins Gewicht. Doch wenn sich die Umweltbedingungen, unter denen ein Individuum oder eine Population leben, ändern, so können möglicherweise bestimmte genetische Varianten unter diesen neuen Bedingungen besser geeignet, oder, wie wir in der Genetik sagen, besser an die Umwelt angepasst sein. Diese Individuen werden dann beispielsweise länger leben und/oder mehr Nachkommen haben. Dadurch wird eine vielleicht zuvor seltene Genvariante (sog. „Allel“) nach einigen Generationen immer häufiger. Und zwar so lange, bis ein Gleichgewicht zu den anderen Varianten und ihrer Anpassung an die Umwelt erreicht ist oder sich die Umwelt erneut ändert. Viele unterschiedliche Allele in einer Population bedeuten somit ein hohes Maß an Anpassungsfähigkeit an viele unterschiedliche Umweltbedingungen. Eine Population, die genetisch vielfältiger ist, hat somit eine größere Chance, langfristig, d. h. über viele Generationen und sich ändernde Umwelten hinweg, Bestand zu haben.

POPULATIONSDYNAMIK

Der Begriff der Populationsdynamik beschreibt das Phänomen der Änderung des Populationsumfanges über einen bestimmten Zeitraum und in einer bestimmten Region. Oft wird die Populationsdynamik über die Veränderung der Abundanz, d.h. der Anzahl von Individuen pro Flächeneinheit, dargestellt. Der Populationsdynamik kommt im praktischen Wolfsmanagement Mitteleuropas eine besondere Bedeutung zu, da beispielsweise der sog. günstige Erhaltungszustand (vgl. Kapitel 9) der Wolfspopulation eng mit demjenigen der Populationsdynamik verknüpft ist.

Die Dynamik einer Population wird von zahlreichen Faktoren bestimmt, insbesondere

› Populationsumfang,
› genetisches System,
› Natalität oder Fekundität, also der Zahl geborener Nachkommen,
› Mortalität.

Betrachten wir nicht die gesamte Population, sondern eine Teilpopulation, so spielen auch noch Zu- und Abwanderungen eine Rolle.

Die Populationsdynamik des Wolfes in Deutschland, also des westlichen Randes einer großen, stabilen Population, ist aktuell recht hoch, das jährliche Wachstum des Bestandes in Deutschland betrug in den vergangenen Jahren knapp 30 Prozent. Die sog. Zahl der aufgezogenen Welpen, also derjenigen Welpen, welche das erste Jahr überlebten, lag hierzulande stabil über die Jahre bei etwa vier Welpen pro Wurf[127]. Im Vergleich zu einer Untersuchung in der Białowieża -Heide (hier überlebten im Mittel nur zwei Welpen das erste Lebensjahr[75]) ist das ein recht hoher Wert.

Allerdings haben bei Wölfen auch erwachsene Tiere einen relativ hohen Anteil an der Gesamtmortalität, der insbesondere auf innerartliche Auseinandersetzungen zurückgeführt wird und bis zu 40 Prozent und darüber betragen kann[106, 168]. In Europa ist die innerartliche Mortalität vermutlich geringer, zuverlässige Zahlen fehlen allerdings. Weitere wichtige Todesursachen sind in der Natur Krankheiten und Verletzungen durch wehrhafte Beutetiere. In Mitteleuropa dürfte das Schwarzwild ein besonderes Risiko darstellen. Möglicherweise ist das auch ein Grund, warum diese Art zumindest in den ersten Jahren hierzulande eine relativ geringe Rolle im Beutespektrum der Wölfe spielte.

NAHRUNGSBEDARF UND -VERFÜGBARKEIT

Der Begriff der Lebensraumkapazität spielt in der Ökologie eine wichtige Rolle. Es geht dabei darum, wie viele Individuen in einem bestimmten Gebiet, letztlich auf einer bestimmten Fläche, existieren können. Das hängt von zahlreichen Faktoren ab. Ruhe vor menschlichen und anderen Störungen, die Möglichkeit, sich zu verstecken oder ungestört die Nachkommen aufzuziehen, sowie die Anwesenheit anderer Arten spielen dabei ebenso eine Rolle wie die hinreichende Nahrungsverfügbarkeit, die bei der Frage, ob und wo sich Wölfe dauerhaft ansiedeln, meist im Vordergrund steht. Die bisherige Geschichte der Wiederansiedlung der Wölfe in Mitteleuropa zeigt, dass bei der Frage, ob in einer bestimmten Region ein Individuum bzw. Paar sesshaft wird und sich fortpflanzt, das Vorhandensein der Hauptbeutearten, insbesondere des Rotwildes, offenbar eine wichtige Rolle spielt. Ein großer Teil der sesshaften Paare fand und findet sich in Regionen mit einem relativ hohen Rotwildbestand, etwa auf Truppenübungsplätzen. Die Nationalparks, in denen in Deutschland die freilebenden Huftiere ähnlich wie im Wirtschaftswald leider immer noch sehr intensiv bejagt werden, wurden meist erst später besiedelt.

Abb. 37: Wolfsrudel frisst einen erbeuteten Bison (Yellowstone National Park).

Dies führt uns zu der Frage nach der Beute, dem Beutespektrum und dem Nahrungsbedarf der Wölfe. Wölfe sind sog. „Nahrungsgeneralisten", d. h., sie haben ein sehr breites Beutespektrum und können sich an unterschiedliche Nahrungsressourcen anpassen. Von Wildrindern über kleinere Huftiere, Kleinsäuger, Fische, Insekten bis hin zu Früchten nutzen Wölfe die unterschiedlichsten Nahrungsquellen mit spezifischen jahreszeitlichen und geografischen Schwerpunkten. Die wesentlichen Bestandteile sind allerdings Huftiere (vgl. Abb. 37). Auch menschliche Abfälle werden regional genutzt, sofern sie für den Wolf gefahrlos zugänglich sind[30, 147, 178].

Wir können davon ausgehen, dass ein Wolf einen Nahrungsbedarf von durchschnittlich etwa fünf bis sechs Kilogramm Biomasse, i. d. R. Fleisch, pro Tag hat, wobei dieser nach Jahreszeit, Aktivität und Größe des Individuums deutlich schwanken kann. In europäischen Untersuchungen werden Werte zwischen 1,5 Kilogramm und mehr als 10 Kilogramm Fleisch als Tagesbedarf eines erwachsenen Wolfes genannt[76, 148]. Höhere Beutemengen werden insbesondere in Zeiten hohen Energiebedarfes benötigt, etwa während der Tragezeit der

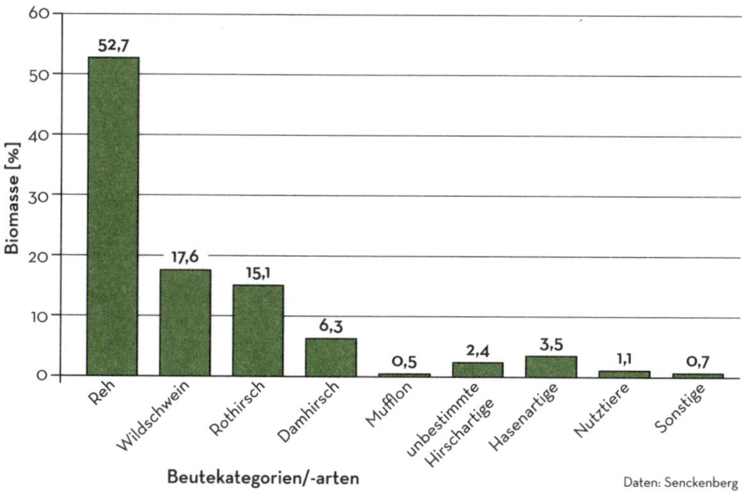

Abb. 38: Beutespektrum (Biomasseanteile) der Wölfe in Mitteldeutschland von 2001 bis 2016 (Daten: Senckenberg)

Wölfin, während der Zeit der Jungenaufzucht oder während Kälteperioden im Winter.

Diese Nahrungsmenge muss vom Familienverband stetig erbeutet werden. Daraus erklärt sich auch die – normalerweise, Ausnahmen s. o. – hohe Bindung an Huftiere als Hauptbeute. Erst ein konstant hohes Vorkommen an Huftieren bietet die Gewähr, regelmäßig die erforderlichen Nahrungsmengen erbeuten zu können.

Gehen wir der Einfachheit halber einmal von einem Wolfsrudel von acht Individuen und einem Nahrungsbedarf von fünf Kilogramm Fleisch pro Tag aus, so bedeutet das für das Wolfsrudel einen Bedarf von 40 kg täglich. Diese Menge entspricht etwa dem Gewicht zweier Rehe, eines weiblichen Stückes Rotwild oder eines knapp einjährigen Wildschweins. Gehen wir davon aus, dass die Wölfe die Beute nicht komplett nutzen, so liegt die Zahl der Beutetiere, die von den Wölfen getötet werden müssen, nochmals höher. Würde sich unser Wolfsrudel etwa zur Hälfte von Rehen und zu jeweils einem Viertel von Rot- und Schwarzwild ernähren, so entspräche dies mindestens 400 Rehen sowie jeweils mindestens etwa 100 Wildschweinen und 100 Stück Rotwild, die pro Jahr erbeutet werden.

DIE BEDEUTUNG FREILEBENDER BEUTETIERE

Diese Zahlen zeigen uns zweierlei: Zum einen wird klar, warum es für Wolfsrudel eine gewisse optimale Größe gibt. Wenn nur zwei oder drei Wölfe zusammen jagen, fällt es diesen schwerer, große Beutetiere zu erlegen. Sie müssten daher relativ viel Zeit zur Jagd aufwenden. Wird ein Wolfsrudel zu groß, so ist der Anteil an der vergleichsweise schnell erlegten Beute irgendwann pro Wolfsindividuum sehr gering, sodass erneut gejagt werden muss.

Zum anderen verstehen wir, warum die Rudelterritorien so groß sein müssen und eine deutliche Abhängigkeit von der vorhandenen Zahl der Beutetiere aufweisen: Gehen wir beispielhaft einmal von einem Territorium eines Wolfsrudels von 15 000 ha (= 150 km^2) aus, so leben darin je nach Lebensraum (insbesondere Waldstruktur) etwa 750 bis 1500 Rehe und eine je nach Region sehr unterschiedliche Zahl an Wildschweinen und Rothirschen. In vielen Teilen Deutschlands wird Rotwild gar nicht geduldet und bis heute sogar in bestimmten Regionen gezielt ausgerottet, dort fehlt das Rotwild auf großen Flächen, sein Bestand ist null. Je nach forstpolitischen Vorstellungen finden wir im übrigen Wirtschaftswald Rotwilddichten irgendwo zwischen 0,5 und 10 Stück pro 100 Hektar. In unserem Beispiel für ein Wolfsterritorium leben also im ungünstigsten Fall gar keine Rothirsche, im günstigsten Fall immerhin 1500 Exemplare.

Dazu kommt eine ebenfalls lokal deutlich schwankende Zahl an Wildschweinen (die derzeit aufgrund des Auftretens der Afrikanischen

Schweinepest intensiv bejagt, teilweise geradezu bekämpft werden) in ähnlicher Größenordnung. Die mittelgroßen Huftiere wie Rot- oder Schwarzwild spielen also selbst dann, wenn sie im Vergleich zu Rehen nur einen geringeren Anteil an der Beute ausmachen, dennoch eine entscheidende Rolle für die Lebensraumqualität der Wölfe. Tatsächlich finden wir die kleineren Wolfsterritorien (s. o.) auch dort, wo die Dichten der großen Huftiere wie Rot- oder Schwarzwild eher hoch sind.

Sich allein von Rehen zu ernähren, wäre für die Wölfe zwar theoretisch möglich, würde aber sehr große Lebensräume erfordern. Dadurch steigt letztlich auch der Energiebedarf zum Beuteerwerb überproportional an. Dies führt uns zu einer weiteren Frage: Welche Rolle spielen die landwirtschaftlichen Nutztiere? Die haben wir in diesem Rechenbeispiel nicht berücksichtigt. Auf diese Frage gehen wir in Kapitel 8 ausführlich ein. An dieser Stelle nur so viel: Fehlen entsprechende Bestände an freilebenden Beutetieren, steigt das Risiko, dass Wölfe zunehmend Nutztiere als Beute wählen. Dies können wir etwa in Portugal, Spanien oder Teilen Italiens beobachten, wo die Dichten wildlebender Huftiere traditionell eher gering sind. Dort besteht die Beute der Wölfe oft zum überwiegenden Teil aus landwirtschaftlichen Nutztieren[43, 146, 147].

Achtung!
WOLFSGEBIET
unruhige Weidetiere
Betreten auf eigene Gefahr!

8. KONFLIKTE - MIT WÖLFEN ODER ZWISCHEN MENSCHEN?

Konflikte zwischen Menschen und Wölfen sind nichts Neues. Wie wir in Kapitel 1 gesehen haben, wurden Mensch und Wolf spätestens mit der menschlichen Sesshaftigkeit zu Gegnern und Konkurrenten. In der Antike setzte sich diese Situation fort. So ist aus dem Athen des sechsten vorchristlichen Jahrhunderts etwa für die Erlegung eines Wolfes die Auslobung einer Prämie durch den Dichter, Staatsmann und Gesetzgeber Solon überliefert.

Im Mittelalter und in der beginnenden Neuzeit wurde immer wieder von der Bedrohung nicht nur der Nutztiere, sondern auch der Menschen durch Wölfe berichtet (vgl. Kapitel 4). Bis weit in die zweite Hälfte des 20. Jahrhunderts war es gesellschaftlicher Konsens, dass Wölfe verfolgt wurden, wo immer man ihrer habhaft werden konnte.

Heute haben wir eine deutlich differenziertere gesellschaftliche Sicht auf diese Tierart, und entsprechend vielfältiger gestalten sich auch die Konfliktsituationen. Allerdings sollten wir dabei unterscheiden, wo genau der Konflikt auftritt. Gerne wird salopp von einem „Mensch-Wildtier-Konflikt" gesprochen. So weit ist es hierzulande glücklicherweise in den meisten Fällen noch nicht. Eine unmittelbare Bedrohung unserer Gesundheit und/oder unserer (wirtschaftlichen) Existenz geht vom Wolf nicht oder nur selten aus. Stattdessen sollten wir besser von einem „conservation conflict" sprechen, einen Begriff, den wir etwa mit „Naturschutzkonflikt" übersetzen können.

Mensch-Wildtier-Konflikt oder Naturschutzkonflikt ?

Bei einem Mensch-Wildtier-Konflikt geraten Menschen unmittelbar mit Wildtieren in Konflikt, etwa wenn ein Löwe Menschen tötet und damit die Bewohner eines Dorfes in Schrecken versetzt oder wenn Elefanten die Ernte zerstören, ohne dass lokale Kleinbauern sich dagegen wirksam zur Wehr setzen können. Bei einem Naturschutzkonflikt („conservation conflict" oder, etwas unschärfer, auch als „biodiversity conflict" bezeichnet[176]) handelt es sich dagegen um einen Konflikt zwischen unterschiedlichen gesellschaftlichen Gruppen, welche unterschiedliche Ansichten und Ziele hinsichtlich des Schutzes von Naturgütern (z. B. Tierarten) vertreten bzw. verfolgen oder aber ähnliche Ziele auf unterschiedlichen Wegen erreichen wollen.

So kann das gleiche Schutzziel bei vielen Arten beispielsweise durch Totalschutz einerseits oder durch nachhaltige Nutzung andererseits erreicht werden. Beide Wege führen meist zum Ziel, doch über den Weg herrscht oft Uneinigkeit, die wiederum zu heftigen Konflikten führen kann. Diese bestehen dann etwa zwischen landwirtschaftlichen Verbänden und Naturschutzorganisationen[127]. Dabei werden biologische und ökologische Fakten nicht selten von einzelnen Interessengruppen ignoriert oder verfälscht dargestellt, wissenschaftliche Untersuchungen einseitig oder unvollständig wiedergegeben oder tatsächliche oder potenzielle Probleme entweder überhöht oder bagatellisiert. Für das Beispiel des Wolfes in Mitteleuropa bedeutet dies, dass z. B. der individuelle Huftierhalter oder Jäger die vom Wolf ausgehenden Risiken und Gefahren durchaus selbst abwenden könnte. Aufgrund des rechtlichen Rahmens, der wiederum als eine Folge unterschiedlicher Einstellungen und Wertvorstellungen politisch zwischen gesellschaftlichen Gruppen ausgehandelt wurde, ist ihnen dies jedoch nicht oder nur unvollständig möglich. Sie können oder dürfen nicht eigenverantwortlich handeln, sondern sind auf eine Problemlösung durch öffentliche Institutionen angewiesen. Solange diese nicht erfolgt, baut sich der Konflikt meist weiter auf.

Insbesondere durch den zunehmenden Einfluss der Medien werden heute entsprechende Konflikte immer mehr polarisiert bzw. emotionalisiert, und damit wird die Chance auf sachgerechte Lösungen minimiert. Die nachstehend beschriebenen Konfliktfelder sind, auch wenn die Präsenz von Wölfen dabei eine zentrale Rolle spielt, eindeutig Naturschutzkonflikte.

Nicht die Tierart Wolf an sich stellt das Problem dar, sondern ein strenger Schutzstatus (vgl. Kapitel 9), welcher in Deutschland noch einmal strenger als bei den meisten Nachbarn in der Europäischen Union ausgelegt wird. Die Handlungsoptionen der Betroffenen werden somit deutlich eingeschränkt und diese daran gehindert, mögliche Probleme in Eigenverantwortung zu lösen. Damit ist die Wiederbesiedlung Mitteleuropas durch den Wolf ganz klar Teil eines „Naturschutzkonfliktes".

RISIKEN UND GEFAHREN FÜR DEN MENSCHEN SELBST

Wie in Kapitel 4 gezeigt, war die unmittelbare Bedrohung von Menschen durch Wölfe ein wichtiges Thema in den ländlich geprägten Gesellschaften bis ins 19. und teilweise frühe 20. Jahrhundert. Mit der intensiven Verfolgung der Art durch den Menschen und deren Rückgang in weiten Teilen Europas verlor dieses Problem an Bedeutung. Einerseits, weil es in Mitteleuropa mit Beginn der Neuzeit immer weniger Wölfe gab, andererseits, weil diese den Menschen als Bedrohung kennengelernt hatten, und es meist vermieden, sich ohne Not menschlichen Siedlungen zu nähern.

Somit können wir davon ausgehen, dass das Risiko eines direkten Angriffes gesunder Wölfe auf einen Menschen, um diesen als Nahrung zu erbeuten, derzeit sehr gering ist. Gleichzeitig ist dieses Risiko aber auch nie gleich null. Einzelne Angriffe auf Kinder durch vermutlich ein und denselben Wolf wurden dieses Jahr aus den Niederlanden berichtet[18]. Realistischer ist eher eine Attacke eines sich bedroht fühlenden Wolfes. Diese ist etwa denkbar, wenn ein Mensch sich – bewusst oder unbewusst – etwa einem verletzten Tier oder einer Fähe im unmittelbaren Umfeld ihrer Wurfhöhle nähert. In Anbetracht der Größe des Streifgebietes ist allerdings auch eine solche Situation eher unwahrscheinlich.

Eine dritte Situation, die prinzipiell denkbar ist, ist das Auftreten eines tollwutkranken Wolfes. Auch dieses Risiko ist, wie wir unten sehen werden, derzeit gering, aber auch keinesfalls auszuschließen. Ein deutlich höheres Gefahrenpotenzial als direkte Attacken durch Wölfe dürfte für den Menschen in Zukunft die Situation bergen, dass Wölfe große Weidetiere wie Pferde oder Rinder in Panik versetzen und diese Tiere dann Kollisionen im Straßenverkehr verursachen.

KONFLIKTFELD KRANKHEITEN

Wenn wir über Wölfe als mögliche Krankheitsüberträger diskutieren, steht meist eine Erkrankung im Vordergrund: die Tollwut. Diese war in Europa bis ins Mittelalter und teilweise darüber hinaus eine wichtige Krankheit, die u. a. durch Wölfe auch auf den Menschen übertragen wurde. Wie in Kapitel 4 beschrieben, war vermutlich ein nicht geringer Teil derjenigen Wölfe, welche in den vergangenen Jahrhunderten Menschen attackierten, tollwutkrank.

In vielen Teilen der Welt, einschließlich unserer osteuropäischen Nachbarländer wie Belarus (Weißrussland) oder der Ukraine ist die Tollwut auch heute noch präsent und stellt eine für den Menschen gefährliche Viruserkrankung dar, welche beispielsweise durch verwilderte Haushunde, aber auch durch wildlebende Wölfe übertragen wird.

Tollwut

Bei der Tollwut handelt es sich um eine Viruserkrankung, welche das Gehirn befällt und fast immer tödlich verläuft. Es handelt sich um eine Zoonose, die auch auf den Menschen übertragen werden kann. Die Verbreitung der Tollwut erfolgt hauptsächlich über den Biss infizierter Tiere. Über die Jahrtausende haben sich unterschiedliche epidemiologische Erscheinungsformen herausgebildet: die sylvatische (Wildtier-)Tollwut und die urbane Tollwut. Daneben können wir noch die Fledermaustollwut unterscheiden. Während die urbane Tollwut, wie der Name bereits sagt, im Wesentlichen innerhalb menschlicher Siedlungen grassiert und vor allem durch (oft verwilderte) Hunde übertragen wird, wird die sylvatische Tollwut vor allem durch wildlebende Raubtiere übertragen. Bis zum Verschwinden des Wolfes in Mitteleuropa war dieser der Hauptüberträger, danach wurde seine Rolle vom Rotfuchs übernommen.

Erst die konsequente Impfung der freilebenden Fuchspopulation gegen Ende des 20. Jahrhunderts führte dazu, dass bis heute weite Teile Mitteleuropas tollwutfrei sind. Lediglich Fledermäuse treten hierzulande noch regelmäßig als Träger der Tollwut auf. Tollwutkranke Hunde kommen sehr selten vor, etwa wenn ein Findlingshund aus Osteuropa oder Nordafrika mitgebracht wird, der bereits infiziert war.

Das bedeutet aber auch, dass aus Osteuropa, wo die Tollwut noch regelmäßig auftritt, auch tollwutkranke Wölfe nach Mitteleuropa zuwandern können. Durch die vergleichsweise lange Inkubationszeit, also die Zeit zwischen Infektion und Ausbruch der Krankheit, die Wochen bis Monate beträgt, ist dies ein Szenario, welches nicht ganz unwahrscheinlich ist.

Wenngleich in großen Teilen Europas ausgerottet (vgl. Kasten und Abb. 39), birgt diese Zoonose doch das Potenzial, durch zuwandernde Tiere wieder eingeschleppt zu werden. Hier liegt ein nicht zu unterschätzendes Risiko für zukünftige Konfliktsituationen, da bei einem

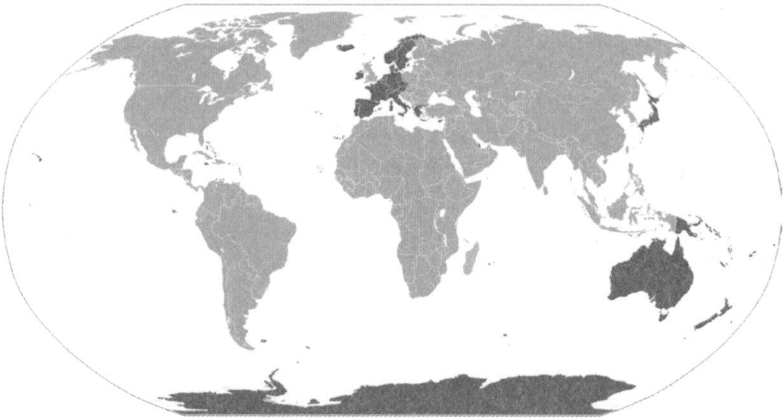

Abb. 39: Durch Impfung von Wildtieren und/oder strenge Quarantänevorschriften sind derzeit manche Regionen der Erde tollwutfrei (grün).

nachgewiesenen Wolfstollwutfall in Deutschland ein Großteil der bisherigen Schutzbemühungen infrage gestellt wäre. Gleiches gälte für eine tödliche Attacke eines Wolfes auf einen Menschen. Daher sollten diese Themen antizipativ im Auge behalten werden.

Weitere für den Menschen gefährliche Zoonosen, welche über den Wolf übertragen werden können, sind der Fuchs- und der dreigliedrige Hundebandwurm. Wölfe können Träger beider Bandwurmarten sein. Der Mensch, welcher versehentlich Bandwurmeier aufnimmt, kann als sog. „Fehlwirt“ durch Larven des Bandwurms schwere Leberschäden erleiden, welche, zu spät behandelt, auch zum Tode führen können.

GEFAHR FÜR HAUS- UND HEIMTIERE

Risse von Heimtieren und Haustieren jenseits der Weidetiere (auf diese gehen wir weiter unten noch einmal gesondert ein), wie sie beispielsweise aus osteuropäischen oder ostmitteleuropäischen Ländern regelmäßig berichtet werden, sind derzeit in Mitteleuropa noch vergleichsweise selten. Im Jahre 2023 wurden in Deutschland insgesamt zehn Angriffe von Wölfen auf Hunde bekannt[20]. Darunter befanden sich fünf Angriffe auf Herdenschutzhunde im Kontext von Wolfsangriffen auf Schafherden, zwei getötete Jagdhunde, ein freilaufender Hund eines Spaziergängers sowie ein Hofhund, der offenbar gezielt erbeutet wurde.

Die traditionelle Haltung von „Hofhunden" auf dem Lande ist in Mitteleuropa allerdings auch eher selten geworden. Durch Wolfsattacken gefährdet sind derzeit daher neben den Herdenschutzhunden eher im Freiland nicht angeleinte Hunde, welche vom Wolf als Artgenossen und damit als Eindringlinge in das eigene Territorium wahrgenommen und dementsprechend angegriffen werden können[127]. Noch handelt es sich allerdings um Einzelfälle, selbst wenn wir davon ausgehen, dass neben den gemeldeten Fällen noch eine gewisse Dunkelziffer vorliegt. Ein spezielles Thema sind Angriffe auf Jagdhunde, auf die ebenfalls weiter unten noch einzugehen ist.

KONFLIKTFELD JAGD

Es war nicht zuletzt die Gruppe der Jäger, welche in den frühen 2000er-Jahren, als sich die ersten sesshaften Wolfsrudel in Deutschland bildeten, diese Situation sehr kritisch beurteilten. Dementsprechend entstand das Bild in der Öffentlichkeit, vor allem die Jäger hätten mit dem Wolf Probleme, und es entstand das bis heute kolportierte Narrativ: beide, Wolf und Jäger, konkurrierten um die gleiche Beute. Immerhin hätten ja auch die Jäger im 19. Jahrhundert dem Wolf den Garaus gemacht. Doch so einfach ist es nicht. Wie wir im Kapitel 5 sehen konnten, war das Interesse von Jagd und Jägern am Wolf nie sonderlich hoch. Das sieht man auch daran, dass der Wolf etwa in den Artenlisten vieler Jagdgesetze gar nicht auftauchte. Jagdlich war der Wolf weitgehend uninteressant und ist es bis heute.

Es sei an dieser Stelle noch einmal daran erinnert, dass es im Wesentlichen eine klein- und kleinstbäuerliche Landwirtschaft war, wie sie in Mitteleuropa bis weit ins 19. und teilweise 20. Jahrhundert bestand, welche den Wolf nicht tolerierte. Die Ausrottung der großen Huftierarten als Hauptbeute des Wolfes[71] tat ein Übriges. Jäger im heutigen Sinne, also Berufs- oder Freizeitjäger, waren hier allenfalls als Erfüllungsgehilfen beteiligt.

Dementsprechend ist die Rolle der Jäger heute im Konfliktfeld der Rückkehr des Wolfes auch differenziert zu sehen. Sicher gibt es auch in Deutschland jagdwirtschaftliche Unternehmen, welche vom Wildbretverkauf und Einnahmen aus dem Jagdtourismus leben, oder einzelne Personen, welche die Jagd als Subsistenzjagd betreiben, d. h., die damit ihren Lebensunterhalt bestreiten. Diese dürften tatsächlich durch das Auftreten des Wolfes deutliche wirtschaftliche Einbußen erleiden. Allerdings ist die erstgenannte Art der Betriebe eher ein Phänomen Ost- bzw. Ostmitteleuropas. In Mitteleuropa und insbesondere in Deutschland bilden diese eine absolute Minderheit.

Gibt es also in Bezug auf den Wolf gar keinen nennenswerten Konflikt zwischen Wolfsschutz und Jagd? Doch, es gibt einen solchen Konflikt. Allerdings hat dieser nicht primär mit dem Auftreten des Wolfes zu tun, sondern er resultiert aus den heutigen Anforderungen an die Freizeitjagd. Jeder Inhaber des Jagdrechts ist nämlich verpflichtet, eine Mindestanzahl an Wildtieren, genauer gesagt Rehen und Hirschen zu erlegen. Dies ist vor allem durch die Interessen der Land- und Forstwirtschaft und deren Sorge vor Fraßeinwirkungen in Feld und Wald bedingt.

Dazu müssen wir wissen, dass einem durchschnittlichen Freizeitjäger heute weniger an einer hohen Jagdstrecke, sondern mehr am Jagderlebnis als solchem und an der Fürsorge für das Wild gelegen ist.

Abb. 40: Die Folgen der Wolfspräsenz für die Jagd sind noch nicht abschließend einschätzbar. Was wir wissen, ist, dass die Bejagung der Huftiere (hier Rehwild) schwieriger wird.

Entgegen dem weitverbreiteten Narrativ sehen Freizeitjäger in Mitteleuropa im Wolf daher auch weniger einen Konkurrenten um die Beute. Das Problem liegt woanders. Erlegt ein Jagdausübungsberechtigter, also etwa ein Pächter oder Eigentümer eines Jagdrevieres, nicht genug Wild, so droht ihm ein kräftiges Bußgeld, und/oder die lokalen Landwirte verpachten ihm in Zukunft das Revier nicht mehr.

Wir können aufgrund zahlreicher Berichte aus der Praxis davon ausgehen, dass die Bejagung der freilebenden Huftiere, der sog. „Schalenwildarten", durch Auftreten des Wolfes in einer Region tendenziell schwieriger wird. Das Wild wird scheuer und vielleicht auch weniger. Somit dürfte für viele Jäger nicht die geringere Jagdstrecke das Problem sein, sondern vielmehr die Tatsache, dass seitens der Behörden oder der Verpächter weiterhin hohe Jagdstrecken gefordert werden. Dies führt in der Praxis zu einem Teufelskreis von immer mehr Jagd, dadurch immer gestressterem Wild und letztlich mehr Stress und weniger Freude am Naturerlebnis beim Jäger. Die mittelfristige Folge sind geringere Jagdpachtpreise bzw. schwer zu verpachtende Jagdreviere.

Wir erkennen, dass der Konflikt zwischen Naturschutz und Jagd sich offenbar deutlich differenzierter darstellt, als dies etwa von fundamentalen Naturschutz- oder Tierschutzgruppen oder vielen Medien dargestellt wird. Nicht die Konkurrenz um die Beute ist das Problem, sondern die oft fehlende Erkenntnis seitens der Landnutzer oder Behörden, dass bei Anwesenheit von Wölfen die vom Jäger zu erlegenden Mindestquote reduziert werden sollte.

Ein weiteres Konfliktfeld im Zusammenhang mit der Jagd ist die Gefährdung von Jagdhunden durch Wölfe. Für diese gilt im Grunde das Gleiche wie für alle Hunde: Bei der Stöberjagd eingesetzte Hunde können als Eindringling in das Wolfsterritorium wahrgenommen werden. Auch zur Nachsuche verletzten Wildes eingesetzte Hunde sind gefährdet, etwa dann, wenn ein Wolf das entsprechende Wild als Erster gefunden hat und dieses nun gegen den Nachsuchehund verteidigt.

KONFLIKTFELD FORSTWIRTSCHAFT

Auch in der Forstwirtschaft gibt es Konfliktpotenzial: Während manche Forstleute öffentlich die Anwesenheit von Wölfen begrüßen, da diese ja die Prädatoren der bei vielen Forstleuten geradezu verhassten Huftiere darstellen, sieht die Realität anders aus (vgl. Kasten).

Forstleute mit fundierter ökologischer Erfahrung bewegt ein anderes Thema, nämlich die Sorge, dass das Auftreten von Wölfen in einem Gebiet Verhaltensänderung bei den Beutetieren, den Rehen und Hirschen (größere Scheu, höhere Fluchtdistanzen, Auftreten in großen Gruppen), bewirkt. Dies wiederum könnte die Bejagbarkeit und insbesondere die Lenkbarkeit durch Bejagung deutlich beeinträchtigen. Diese Auswirkungen dürften die Effekte einer gewissen Reduktion des Huftierbestandes möglicherweise deutlich überkompensieren.

Wolf und Beutetiere: Wer „reguliert“ wen?

Wölfe fressen Rehe und Hirsche. Folglich glauben viele Menschen, dass Wölfe dadurch auch einen entscheidenden Einfluss auf die Anzahl der Rehe oder Hirsche in einer bestimmten Region haben. Auch die Berichte vermeintlicher Fachleute, etwa mancher Förster und Jäger, dass Wölfe die Huftiere „regulieren“ würden, bedienen dieses Narrativ.

Nun wissen wir allerdings aus der großen Mehrzahl populationsökologischer Untersuchungen, dass nicht der Prädator seine Beute „reguliert“, sondern umgekehrt, die Anzahl der Beutetiere die Abundanz, die Individuenzahl des Prädators, wesentlich mitbestimmt. Dies war übrigens auch eines der allerersten Resultate der ökologischen Wissenschaften. Manche kennen die Geschichte aus dem Biologieunterricht:

Aus alten Handelsbüchern der kanadischen Hudson's Bay Company (HBC) wurde für das 19. und frühe 20. Jahrhundert die Anzahl von Jägern und Trappern gelieferter Luchs- und Schneeschuhhasenfelle ermittelt. Über viele Jahrzehnte zeigte sich, dass Jahre mit vielen Luchsfell-Lieferungen zeitlich regelmäßig auf Jahre mit vielen Schneeschuhhasenbälgen folgten. Diese erste sog. Lotka-Volterra-Regel[99, 171] zeigt uns, dass nicht die Zahl der Prädatoren („Räuber“) die Beutedichte bestimmt, sondern umgekehrt: Wenn wir überhaupt von „Regulation“ sprechen können (im Grunde sind es einfach nur ökologische Zusammenhänge), so reguliert die Beute den Räuber und nicht umgekehrt. Sicher gibt es Ausnahmen von dieser Regel, doch für Wolf und Huftiere gibt es keine Nachweise, dass es sich dort anders verhält.

KONFLIKTFELD WEIDEWIRTSCHAFT

Zwischen Weidewirtschaft und Schutz der Wölfe besteht traditionell das größte Konfliktfeld. Das ist in Deutschland heute nicht anders. Die regelmäßigen Presseberichte zeigen dessen überragende Bedeutung.

Wenn wir uns die Konfliktsituation zwischen Artenschutz des Wolfes und Weidetierhaltung einmal genauer ansehen, so finden wir fünf unterschiedliche Dimensionen:

- Ökonomie
- Tierschutz
- Küstenschutz
- Verkehrssicherheit
- Artenschutz und Biodiversität

Wirtschaftliche Schäden entstehen immer dann, wenn die Weidetierhalter als Vollerwerbs- oder Nebenerwerbslandwirte mit der Tierhaltung ihren Lebensunterhalt bestreiten. Gegen Wolfsrisse können sich Weidetierhalter auf unterschiedliche Weise schützen. In vielen europäischen Ländern sind bislang ausschließlich passive Herdenschutzmaßnahmen, also Zäune und eher zurückhaltend agierende Herdenschutzhunde[4] (vgl. Kapitel 9) zulässig. Mit der Wiederbesiedlung Mitteleuropas durch den Wolf hat auch die Zahl der Übergriffe auf Weidetiere zugenommen (vgl. Abb. 41). Wurde um das Jahr 2000 die Zahl der gerissenen Weidetiere für ganz Europa noch mit etwa 10 000 geschätzt[29] (in Deutschland lag die Zahl damals nahe null), so wurden im Jahr 2023 bereits allein in Deutschland nahezu 6000 Weidetiere gerissen (s. u.).

Inwieweit der doch recht deutliche Rückgang der Schafhaltung in Deutschland (vgl. Abb. 42) zwischen den frühen 2000er-Jahren und den frühen 2010er-Jahren auch mit dem Auftreten des Wolfes zu tun

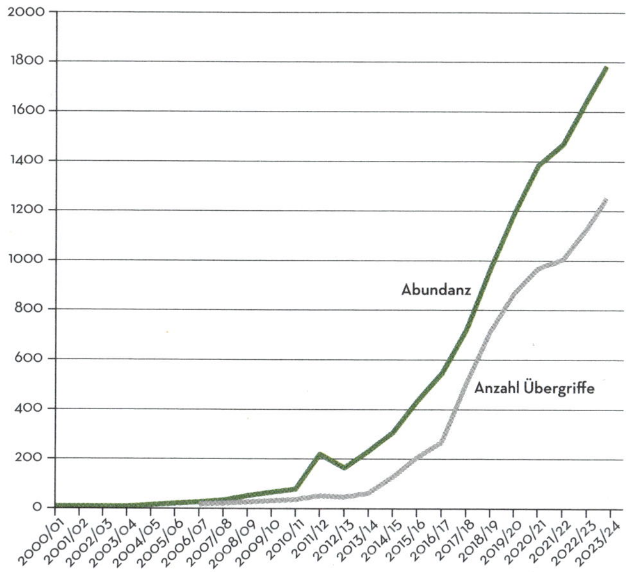

Abb. 41: Wolfsabundanz und Übergriffe in Deutschland 2000–2024
Daten: DBBW

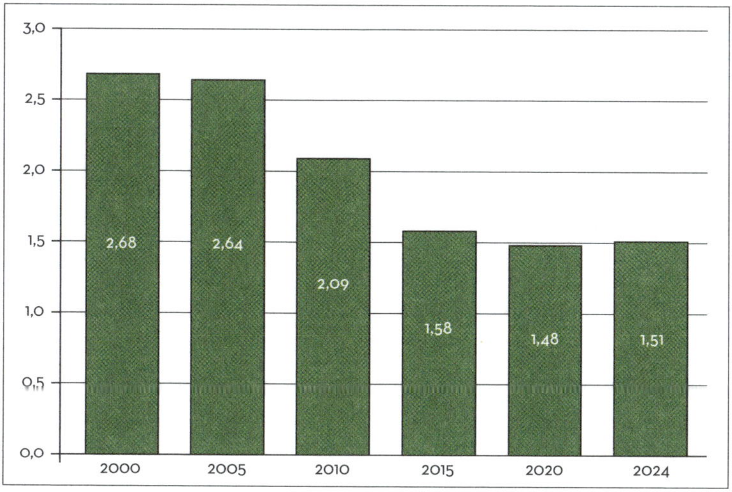

Abb. 42: Entwicklung des Schafbestandes in Deutschland von 2000 bis 2024.
Daten: Statista

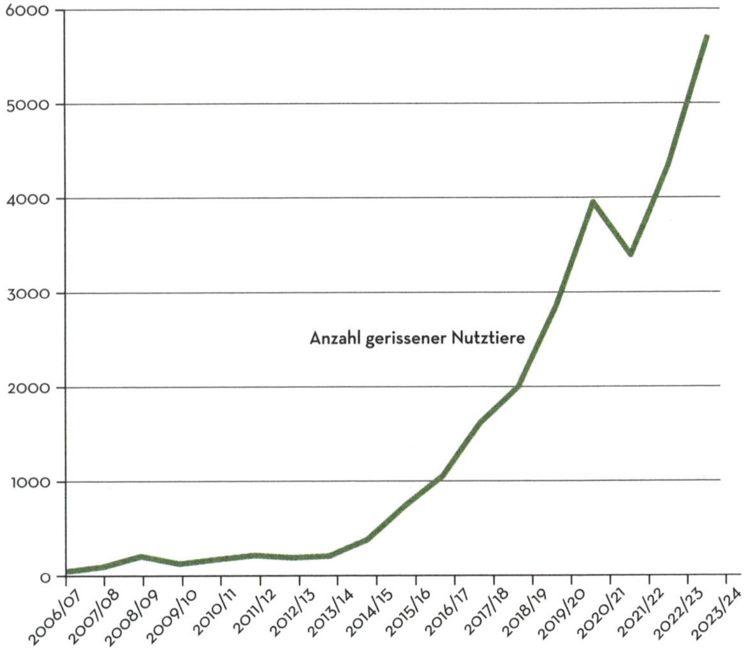

Abb. 43: Nutztierrisse in Deutschland 2006–2024. Daten: DBBW

hat, ist eine offene Frage. Allerdings gibt es weitere Faktoren, die hier zu berücksichtigen sind, wie z. B. die jeweiligen Förderprogramme der Europäischen Union und deren Schwerpunktsetzung, etwa auf Flächen- oder Tierprämie.

Werfen wir noch einmal einen genaueren Blick auf die wirtschaftlichen Schäden in Deutschland, so finden wir die aktuellsten veröffentlichten Zahlen für das Jahr 2023. In diesem Jahr wurden bei 1268 gemeldeten Wolfsattacken insgesamt 5727 Nutztiere von Wölfen getötet oder verletzt, die Mehrzahl (4957 Individuen) Schafe, doch auch 234 Rinder und 25 Pferde (vgl. Abb. 43).

Dies gibt in verschiedener Hinsicht zu denken. Zum einen müssen wir von einer nicht unbeträchtlichen Dunkelziffer an nicht gemeldeten[141] oder von Gutachtern als „falsch-negativ“ eingestuften Rissen ausgehen. „Falsch-positive“ Befunde, d. h., dass ein vom verwilderten Hund gerissenes Schaf sekundär mit Wolfs-DNA kontaminiert wird, wären zwar nicht ausgeschlossen, doch eher ungewöhnlich. Naheliegender ist das Problem, dass ein Wolfsriss sekundär durch Fuchs oder Hund kontaminiert wird (vgl. Kapitel 10). Die Größenordnung dieser Dunkelziffer ist nur schwer erfassbar, umfangreichere Untersuchungen zu dieser Frage stehen noch aus.

Zum anderen beobachten wir eine über die Jahre zunehmende Zahl an Rissen von Rindern und Pferden: Im Jahr 2023 wurden im Durchschnitt pro Woche in Deutschland mehr als fünf Rinder bzw. Pferde gerissen oder angegriffen und verletzt. Das ist eine erstaunlich hohe Zahl, nicht zuletzt deshalb, da diese Tiere bis vor wenigen Jahren noch von zahlreichen vermeintlichen Experten als nicht schutzbedürftig, da wehrhaft, eingestuft wurden.

Auch wenn der wesentliche Teil der mitteleuropäischen Landwirtschaft ökonomisch nicht von der Haltung kleiner Weidetiere wie

Abb. 44: Extensive Mutterkuhhaltung ist in zunehmendem Maße durch Wolfsattacken bedroht.

Abb. 45: Schafbeweidung in den Alpen (hier im Nationalpark Hohe Tauern) birgt mit Auftreten des Wolfes große Herausforderungen. Passiver Herdenschutz gelangt hier schnell an seine Grenzen.

Schafen und Ziegen abhängig ist, so darf deren gesellschaftliche Rolle nicht unterschätzt werden. So ist die Beweidung etwa der Deiche an den Küsten durch Schafe bis heute unabdingbar und nicht durch technische Maßnahmen zu ersetzen. Ähnliches gilt für die Almbeweidung im Alpenraum. Gerade hier stößt (vgl. Kapitel 10) der passive Herdenschutz schnell an ökonomische und auch technische Grenzen.

Wir müssen uns vergegenwärtigen, dass die Weidewirtschaft, insbesondere die Haltung von Schafen und Ziegen, traditionell einen Niedriglohnsektor darstellt, welcher durch Mindestlöhne und hohe Lohnnebenkosten in Mitteleuropa bereits massive Beeinträchtigungen erfährt. Oft ist eine Schäferei nur noch zu halten, wenn der Schäfer als Unternehmer mit einem Durchschnittseinkommen weit unter dem Mindestlohn arbeitet. Angestellte sind in diesem Umfeld oft gar nicht finanzierbar. Durch die Notwendigkeit aufwendiger passiver

Bundesland	Präventionszahlungen (€)	Ausgleichszahlungen (€)
Brandenburg	1.210.750	141.537
Berlin	0	0
Baden-Württemberg	5.876.884	11.969
Bayern	2.533.250	28.347
Bremen	127.686	0
Hessen	807.051(a)	8.075
Hamburg	0	0
Mecklenburg-Vorpommern	681.565	28.210
Niedersachsen	6.123.075	190.228
Nordrhein-Westfalen	569.534	25.752
Rheinland-Pfalz	688.360	13.852
Schleswig-Holstein	156.081	27.722
Saarland	0	
Sachsen	1.085.100	128.213
Sachsen-Anhalt	1.324.654(b)	16.604
Thüringen	79.091	17.462
Summe	**21.263.081**	**637.971**

Tabelle 1: **Präventions- und Ausgleichszahlungen in Deutschland im Jahre 2023**

(a) Zahlen beinhalten sowohl „Förderrichtlinie Weidetierschutz" (Förderung des erweiterten Herdenschutzes) als auch „HALM Sichere Schaf- und Ziegenbeweidung" (Förderung des Grundschutzes).
(b) Zahlen beinhalten drei verschiedene Förderprogramme: RL Herdenschutz Betriebsausgaben in Sachsen-Anhalt, RL Herdenschutz Investitionen in Sachsen-Anhalt, RL über die Gewährung von Zuwendungen zur Förderung von Maßnahmen des Herdenschutzes vor dem Wolf und der Gewährung von Billigkeitsleistungen für den Ausgleich von Sachschäden durch den Wolf oder Luchs in Sachsen-Anhalt.

Herdenschutzmaßnahmen (vgl. Kapitel 10), also der Errichtung vieler Kilometer Zaun und deren Instandhaltung, erfahren diese Betriebe weitere Probleme, welche im schlimmsten Fall in der Insolvenz oder der Aufgabe des Betriebes enden.

Um das zu verhindern, werden in den Bundesländern auf unterschiedlicher Rechtsgrundlage Beihilfen in Form von Präventions- (Finanzierung von Herdenschutzmaßnahmen) oder Ausgleichszahlungen (Entschädigung von Wolfsrissen) gewährt (vgl. Kapitel 10). Diese Zahlungen aus öffentlichen Kassen, d. h. aus Steuergeldern, nehmen mittlerweile eine beachtenswerte Größenordnung an. So wurden etwa im Jahre 2023 in Deutschland knapp 22 Millionen Euro allein an Präventions- und Ausgleichszahlungen geleistet. Dies sind ausschließlich die direkten Zahlungen. Die Gesamtkosten des Wolfes sind für den Steuerzahler, also einschließlich der Gehälter für zusätzliche Behördenmitarbeiter, Projektförderung oder Veranstaltungen, sind schwerer einzuschätzen, da es keine zusammenfassenden Statistiken gibt. Sie liegen schätzungsweise in einer ähnlichen Größenordnung (vgl. unten und Tabelle 1).

Gehen wir, um es im Kopf nachrechnen zu können, einfach einmal von konservativ geschätzten etwa 2000 Wölfen in Deutschland und von Gesamtkosten für öffentliche Kassen von 40 Millionen Euro jährlich aus, dann würde jeder Wolf den Steuerzahler im Mittel pro Jahr 20 000 Euro kosten. Das ist allerdings ein orientierend geschätzter Mittelwert über das ganze Land. In Sachsen oder Brandenburg wäre ein Wolf „preiswerter" für den Steuerzahler, in Ländern wie Baden-Württemberg mit vergleichsweise wenigen Wölfen, aber hohen Präventionszahlungen (vgl. Tabelle 1) kostet ein Wolf dann auch schon mal eine sechsstellige Summe jährlich.

Nun könnte man auch fragen, warum die enormen Präventionszahlungen für passive Herdenschutzmaßnahmen geleistet werden, während die Ausgleichzahlungen demgegenüber nur einen Bruchteil betragen (vgl. Tabelle 1). Sollte man nicht die Präventionszahlungen einsparen und ganz auf Ausgleichszahlungen umstellen? Warum das aus verschiedenen Gründen eine Milchmädchenrechnung wäre, werden wir in Kapitel 10 diskutieren. Hier führt uns diese Überlegung allerdings zu einem ganz anderen Thema: Geld ist nicht alles und der ökonomische Schaden bzw. die volkswirtschaftlichen Kosten sind nur ein Teil des Problems!

So sind Schafe, Rinder oder Ziegen für viele Tierhalter keineswegs nur ein Wirtschaftsgut, welches gegen Geld zu entschädigen ist. Es geht also auch um das Tierwohl und teilweise auch um großes menschliches Leid. Beides wird in der öffentlichen Diskussion allzu gerne vergessen. Tiere sind, für viele Landwirte ebenso wie für die meisten sog. „Hobbyhalter“, Mitgeschöpfe, manchmal sogar Familienmitglieder. Diese Menschen leiden mit ihren Tieren, und wenn nach einer Wolfsattacke auf der Weide tote Tiere zurückbleiben, so ist das für viele Tierhalter ein schlimmes Erlebnis. Und wenn es nicht nur tote, sondern schwer verletzte, bei lebendigem Leib angefressene Kälber oder Schafe sind, die still leiden oder vor Schmerzen laut klagen, dann sind das Bilder, die viele von Triggerwarnungen verwöhnte Menschen niemals auch nur anzusehen wagen.

Die hochgradig traumatisierten Tierhalter hingegen müssen mit ihren leidenden Tieren manchmal Stunden auf den Rissgutachter warten. Und wenn dieser dann als Erstes darauf hinweist, dass der Zaun an einer Stelle vielleicht einige Zentimeter niedriger als vorgeschrieben war, ist der Konflikt zementiert. Um Missverständnissen vorzubeugen: Die große Mehrheit aller Rissgutachter leistet ordentliche Arbeit. Genauso wie die große Mehrheit aller Weidetierhalter versucht, ihre Herde bestmöglich zu schützen. Aber es gibt auf beiden Seiten immer auch Ausnahmen. Und bekanntlich reicht eine Ausnahme, um die Vertrauensbasis dauerhaft zu zerstören. Ein wichtiges, letztlich auch ökonomisches, aber vor allem Sicherheitsthema ist der Küstenschutz.

Weidende Schafe auf den Deichen („Deichschafe“) sind nicht nur für den Tourismus an Nord- und Ostsee eine Attraktion, sondern diese Tiere sind für den langfristigen Schutz der Deiche und damit für den Küstenschutz mitentscheidend. Deichschafe halten das Gras kurz und verfestigen durch den Tritt ihrer Hufe regelmäßig den Oberboden. Auf diese Weise werden die Erosion verhindert und die Deichbauwerke gesichert. Aufgrund der umfangreichen zu sichernden Flächen und der wechselnden Wasserstände sind diese Tiere auch nicht durch die üblichen passiven Herdenschutzmaßnahmen (vgl. Kapitel 10) schützbar.

Birgt das Konfliktthema Deichschutz eher langfristige und indirekte Gefahren für den Menschen, so ist die Frage der Verkehrssicherheit eher mit unmittelbaren Gefahren verbunden. Wie oben bereits erwähnt, steigt mit zunehmender Präsenz von Wölfen in der Landschaft und mit zunehmender Annäherung von Wölfen an menschliche Siedlungen auch das Risiko, dass Großtiere, also Rinder oder Pferde, durch eine Wolfsattacke in Panik versetzt werden. Abgesehen von den ökonomischen Schäden und dem Tierleid, welches daraus entstehen kann, besteht im dichtbesiedelten Mitteleuropa immer die Gefahr, dass die Tiere auf eine vielbefahrene Straße flüchten[44, 89] und dort schwere Unfälle mit Personenschäden verursachen.

KONFLIKTFELD NATURSCHUTZ

Eng mit dem Konfliktfeld Weidewirtschaft hängt das Konfliktfeld Naturschutz zusammen. Hierbei haben wir es um einen intrinsischen Konflikt zwischen unterschiedlichen Naturschutzinteressen zu tun, zum einen das Interesse, den Wolf als Art zu schützen, zum anderen die Notwendigkeit, bestimmte naturschutzfachlich wertvolle und oft auch geschützte Lebensraumtypen zu erhalten.

Dazu muss man wissen, dass ein Großteil unserer heutigen Schutzgebiete Lebensräume enthält, deren Vielfalt an Pflanzen und Tieren durch frühere extensive Formen der Landwirtschaft oder durch andere menschliche Aktivitäten entstanden sind. Insbesondere viele Arten des Offen- und Halboffenlandes sind erst durch den Menschen und seine Landwirtschaft in Mitteleuropa heimisch geworden. Deren Vielfalt ist Gegenstand von Naturschutzinteresse, die Arten finden sich regelmäßig unter den nach EU-FFH-Richtlinie oder Bundesnaturschutzgesetz geschützten oder gar streng geschützten Arten.

Da durch die heutige industrialisierte Landwirtschaft viele dieser Arten verloren gegangen oder gefährdet sind, ist es aus Naturschutzgründen wichtig, alte, extensive Landnutzungsformen in vielen Schutzgebieten quasi zu imitieren. Dies geschieht üblicherweise durch Beweidung, meist mit kleinen Huftieren wie Schafen oder Ziegen, gelegentlich auch mit robusten Rinder- oder Pferderassen.

Wird diese Beweidung aufgrund zunehmender Wolfspräsenz eingestellt, werden die Weidetiere erbeutet und geben die Schäfer irgend-

Abb. 46: Mufflons werden wir in Mitteleuropa zukünftig wohl nur noch in Gehegen beobachten können, diese werden vom Wolf schnell ausgerottet, da sie in ihrem Fluchtverhalten nicht an diesen Prädator angepasst sind.

wann auf, kommt auf großen Flächen ein enormes Problem auf uns zu: aufgrund von Verpflichtungen im Rahmen der FFH-Richtlinie müssen die wertvollen Offenlandlebensräume auch zukünftig als solche erhalten werden. Die Alternativen wären ein Einsatz schwerer Technik („Planierraupen"), die in Schutzgebieten wenig Akzeptanz fände, massive Einsätze von motormanuellen Verfahren (der Handarbeit mit der Motorsäge), welche sehr lohnintensiv sind, oder die Beweidung durch Wildtiere. Letztere wäre zumindest teilweise eine Lösung. Sie würde allerdings neue Konflikte etwa mit der Land- und Forstwirtschaft hervorrufen, da man in diesen Branchen bis heute nur minimale Huftierdichten toleriert. Somit bahnt sich langfristig ein Konflikt an in einer Dimension, die heute nur von wenigen erkannt wird.

Ein weiteres Artenschutzthema im Konfliktfeld Naturschutz ist der Erhalt seltener Haustierrassen. Diese oftmals vom Aussterben bedrohten Tiere sind für die Bewahrung der Biodiversität von großer Bedeutung. Gleichzeitig werden diese Tiere oft in kleinem und kleinstem Maßstab gehalten und gezüchtet, nicht selten in sog. „Hobbyhaltungen". Gerade Letztere sind es allerdings, die in verschiedenen Bundesländern nicht einmal Entschädigungen für Präventionsmaßnahmen oder Risse erhalten. Somit sind auch diese seltenen Haustiere und deren Genpool durch die Rückkehr des Wolfes in besonderem Maße bedroht.

Der bedrohte Genpool bedingt auch den Artenschutzkonflikt beim Europäischen Mufflon. Dieser Konflikt ist insofern interessant, als zahlreiche Naturschutzverbände und -behörden das Mufflon als sog. „Neozoenart", also vom Menschen in der Neuzeit angesiedelte Art, aus vornehmlich ideologischen Gründen ablehnen. Gleichzeitig ist das Mufflon aber in seinen Herkunftsgebieten auf Korsika und Sardinien hochgradig vor allem durch Wilderei bedroht. Die mitteleuropäischen Mufflonbestände bilden also den größten Teil des weltweiten Genpools dieser bedrohten Unterart ab. Die Tiere sind aufgrund ihrer Inselherkunft (dort gibt es weder Wölfe noch Luchse) nicht an den Prädator Wolf angepasst. Wo dieser auftaucht, verschwinden die Mufflons vielerorts endgültig aus unseren Lebensräumen. Das wiederum verschärft langfristig das Artenschutzproblem auf den Mittelmeerinseln (vgl. Kapitel 10).

„VERLIERER SEIN, UM ZU GEWINNEN": DAS NATURSCHUTZ-PARADOXON

In den frühen Jahren der Naturschutzbewegung wurde der Schutz von Natur und Landschaft, wie man es damals nannte, nahezu ausschließlich im Ehrenamt betrieben. Im Jahre 1899 wurde als erste große, überregionale Naturschutzorganisation der Deutsche Bund für Vogelschutz gegründet. Mit dem Reichsnaturschutzgesetz im Jahre 1935 wurde der Naturschutz in Deutschland rechtlich untersetzt, es gab seitdem eine klare Behördenstruktur, die auch später in der Bundesrepublik Deutschland und der DDR erhalten und weiterentwickelt wurde.

Bis in die 1970er- und 1980er-Jahre war die Arbeit der Naturschutzverbände (im Sinne echter „Nichtregierungsorganisationen") eine weitgehend ehrenamtliche. Etwa parallel zur Entwicklung supranationaler Standards im Naturschutz wie etwa der Vogelschutzrichtlinie aus den späten 1970er-Jahren oder der Flora-Fauna-Habitat-Richtlinie aus den frühen 1990ern setzte eine zunehmende Professionalisierung dieser Verbände ein, welche sich von der ehrenamtlichen praktischen Naturschutzarbeit in der Fläche zusehends zu Lobby- und Dienstleistungsorganisationen entwickelten. Zahlreiche Dienstleistungen, welche von Naturschutzbehörden nicht mehr selbst übernommen werden konnten, wurden an Naturschutzverbände ausgelagert, sodass diese, obwohl gemeinnützige Organisationen, nach außen zusehends wie normale Dienstleistungsunternehmen auftraten. Dies führte, übrigens parallel zu ähnlichen Entwicklungen im karitativen Sektor, zu einer Art „Kommerzialisierung des Naturschutzes".

Aggressive Spendenkampagnen durch externe Fundraising-Unternehmen kamen hinzu, Naturschutzverbände verloren in gewisser Weise ihre Unschuld und wurden, die einen mehr, die anderen weniger, zusehends zu straffen, zum Teil konzernartigen Organisationen, welche auf einem wachsenden „Naturschutzmarkt" konkurrierten. Diese finanzieren sich aus zwei wesentlichen Quellen: einerseits den Mitgliedsbeiträgen (eher vernachlässigbar) und Spendengeldern, welche auf den unterschiedlichen Wegen eingeworben werden, zum anderen aber aus öffentlichen Transferzahlungen, also aus Steuergeldern, welche über eine institutionelle Förderung oder Projektförderung von staatlichen Institutionen an Verbände, Vereine oder Stiftungen fließen.

Gleichzeitig wachsen in EU, Bund und Ländern die Naturschutzverwaltungen (man könnte auch sagen „die Naturschutzbürokratie") rapide, allein aufgrund der Rückkehr der Wölfe nach Deutschland wurden zahlreiche Planstellen in den einschlägigen Ministerien, deren Stabsstellen und nachgeordneten Behörden zusätzlich geschaffen. Letztlich entstand ein Komplex, den kritische Stimmen gerne als „Naturschutzindustrie" oder konkret auch als „Wolfsindustrie" bezeichnen. Es sei an dieser Stelle noch einmal ausdrücklich klargestellt: Dass mit Naturschutz auch Umsätze erzielt werden und Einkommen geschaffen wird, ist, grundsätzlich zunächst einmal nichts Schlechtes, im Gegenteil. Natur und Landschaft erfährt so eine „In-Wert-Setzung", welche zu ihrem Schutz beiträgt.

Das Problem liegt woanders: Die oben erwähnten Geldströme fließen, darin liegt der Unterschied zur gewerblichen Wirtschaft, meist nicht für die konkrete Lösung eines Problems, sondern sie fließen, solange das Problem besteht. Wenn es etwa einer Tierart schlecht geht, so können leichter Spenden eingeworben werden, als wenn es dieser Art gut geht. Gleiches gilt etwa für die unterschiedlichen Dienstleistungen, die für Behörden erbracht werden. Und letztlich wachsen Naturschutzbehörden personell und budgetmäßig auch nicht mit ihren Erfolgen. Honoriert werden in der Regel Misserfolge.

So erklärt sich mit ganz einfachen betriebs- und volkswirtschaftlichen Argumenten auch, warum sich gerade im Naturschutz Konflikte, die im Grunde leicht und pragmatisch lösbar wären, über viele Jahre hinziehen. An dieser Stelle nur ein Beispiel: Warum sind es gerade die Naturschutzverbände, und bis vor Kurzem auch das Bundesumweltministerium, welche lautstark behaupten, der Wolf habe in Deutschland seinen günstigen Erhaltungszustand (vgl. Kapitel 9) noch lange nicht erreicht? Warum wird mit abenteuerlichen Argumenten und der äußerst kreativen Interpretation wissenschaftlicher Studien versucht, diesen günstigen Erhaltungszustand zu leugnen? Die Antwort mag sich jeder selbst geben.

Eine wichtige, wenngleich sicher nicht leichte Aufgabe für die Zukunft wäre somit die Vermeidung von Naturschutzkonflikten allein dadurch, dass das System „vom Kopf auf die Füße" gestellt wird. Dass wie in den frühen Zeiten des Ehrenamtes vor allem Erfolge und nicht Misserfolge gefeiert werden. Aber dass Erfolge auch finanziell honoriert werden, während Misserfolge als solche benannt und möglichst vermieden werden müssen, aber keinesfalls belohnt werden dürfen.

Auch der Naturschutz braucht, wenn er langfristig bestehen soll, deutlich weniger Bürokratie. Und er braucht Geschäftsmodelle, welche Erfolge auch finanziell honorieren. Die Aufgabe ist nicht einfach, aber langfristig durchaus lösbar, sofern man es wirklich will.

9. „SOME ANIMALS ARE MORE EQUAL …“: DER WOLF IM RECHT

Sprechen wir über die rechtliche Situation des Wolfes in Deutschland, so werden wir zunächst überrascht sein von der Vielzahl der Regelungen, welche dieser Tierart zuteil wird. Keine andere gefährdete Tierart erfuhr bislang solch große juristische Aufmerksamkeit wie der Wolf. Auf mögliche Gründe hierfür werden wir später noch genauer eingehen. Für die rechtliche Einordnung des Wolfes sind nicht allein nationale Gesetze und Verordnungen, sondern vor allem internationale Vereinbarungen, insbesondere zum Artenschutz, von Belang.

INTERNATIONALES UND EU-RECHT

Kaum eine Branche neben der Landwirtschaft wurde und wird so intensiv durch EU-Recht beeinflusst wie der Naturschutz. Für große, mobile Arten wie den Wolf mag das zumindest in mancherlei Hinsicht auch sinnvoll erscheinen, kennt die Species doch keine politischen Grenzen. Gleichzeitig haben derart großräumig gültige Regelwerke immer das Problem, dass sie auf lokale Besonderheiten nur sehr begrenzt eingehen und reagieren können. Zudem führt die

Umsetzung von EU- in nationales Recht zumindest in Deutschland regelmäßig zu bürokratisch massiv überlagerten Regelungen und ausgesprochen sachfremden Entscheidungen, wie wir später noch sehen werden. Nationale und teilweise regionale Regelungen zum Artenschutz haben ihre Grundlage meist in internationalen Übereinkommen oder in den Mitgliedsstaaten der Europäischen Union (EU) auch in den entsprechenden EU-Rechtsnormen.

Je nach Art solcher EU-Rechtsnormen gelten diese entweder in den Mitgliedsstaaten unmittelbar (sog. EU-Verordnungen) oder sie müssen von den Mitgliedsstaaten in nationales Recht übersetzt werden. Dabei ist für den Wolf je nach Staat das Naturschutzrecht und/ oder das Jagdrecht (diese sind nicht in allen Ländern getrennte Rechtsgebiete) maßgeblich. In Deutschland ist zumindest bislang das Naturschutzrecht relevant, das gilt auch in denjenigen Bundesländern, in denen der Wolf zusätzlich dem Jagdrecht unterliegt. Allerdings ist in Deutschland der Schutz durch beide Rechtsgebiete in der Praxis zumindest gleichwertig, wobei das Jagdrecht in Teilbereichen sogar den besseren Schutz gewährleistet. Um das zu verstehen, muss man wissen, dass das die Jagdgesetze hierzulande vom Grunde her Artenschutzgesetze sind. Sie sollen eine nachhaltige Nutzung von Wildtieren garantieren und eine Übernutzung oder Ausrottung verhindern. Die wichtigste internationale Vereinbarung in Bezug auf den Wolf stellt sicher die Berner Konvention[12] dar, das „Übereinkommen zum Schutz der europäischen wildlebenden Tiere und Pflanzen".

In diesem internationalen Abkommen aus dem Jahre 1979 (im Jahre 1982 in Kraft getreten) verpflichten sich 46 europäische und vier afrikanische Staaten sowie die Europäische Union zum Schutz wildlebender Pflanzen und Tiere sowie deren Lebensräumen. Dabei gilt die besondere Aufmerksamkeit den gefährdeten Arten. Unter den streng zu schützenden Tierarten gemäß der Berner Konvention (diese sind in Anhang II aufgeführt) fand sich in der Vergangenheit auch der Wolf. Im Dezember 2024 erfolgte die Einordnung der Art unter den Anhang III, d. h., die Art ist weiterhin geschützt, jedoch wurde der Schutzstatus abgesenkt.

Allerdings stellt auch der Anhang III hohe Anforderungen an den Artenschutz. Die Arten bilden dort ein breites Spektrum ab: von nach wie vor seltenen Arten wie dem Luchs reicht das Spektrum über früher seltene, doch derzeit schnell zunehmende Species wie Biber oder Wolf bis zu Arten, die europaweit in ihren Verbreitungsgebieten durchaus häufig vorkommen (Dachs, Baum- oder Steinmarder). Interessante Fälle von Arten nach Anhang III der Berner Konvention sind auch die Gamswild- oder die heimischen Hirscharten, welche hierzulande einer intensiven und lokal durchaus auch nichtnachhaltigen Nutzung unterliegen.

Zunächst hat die Anpassung auf Ebene der Berner Konvention beim Wolf keinerlei Einfluss auf seinen Status als geschützte Art in den einzelnen Staaten. Diese müssen allerdings die veränderte Situation in nationales bzw. EU-Recht umsetzen. Arten des Anhang III können nachhaltig genutzt werden. Dies ist ausgesprochen sinnvoll, zumal eine nachhaltige Nutzung international auch als eine der wesentlichen Säulen des Artenschutzes gesehen wird. Die Nutzung der in Anhang III der Berner Konvention aufgeführten wildlebenden Tiere muss dabei so geregelt werden, dass die Populationen in ihrem Bestand nicht gefährdet werden.

Es bestehen deutliche Parallelen zwischen der Berner Konvention und der Richtlinie 92/43/EWG[10] aus dem Jahr 1992 zur Erhaltung der natürlichen Lebensräume sowie der wildlebenden Tiere und Pflanzen, einer Naturschutzrichtlinie der Europäischen Union (EU), die auch als Flora-Fauna-Habitat-Richtlinie (kurz FFH-Richtlinie) bezeichnet wird.

Letztlich stellt die FFH-Richtlinie in weiten Teilen eine Umsetzung der Berner Konvention in EU-Recht dar. Die Umstufung des Wolfes war somit auch eine Voraussetzung für eine entsprechende Anpassung der FFH-Richtlinie. Der FFH-Richtlinie zufolge gehörte der Wolf bis zum Jahre 2025 in den meisten Regionen der EU ebenfalls zu den streng geschützten Arten, welche in Anhang IV dieser Richtlinie aufgeführt sind. Als Konsequenz aus der Statusänderung des Wolfes in der Berner Konvention wurde am 8. Mai 2025 vom Europäischen Parlament die Umstufung des Wolfes von Anhang IV der FFH-Richtlinie in den Anhang V beschlossen. Hier zeigen sich die Parallelstrukturen zur Berner Konvention: Der Anhang V der FFH-Richtlinie entspricht in seinem Schutzstatus in etwa dem Anhang III der Berner Konvention. Auch der Anhang V sieht eine regelmäßige Überwachung der Bestände und weitere Schutzmaßnahmen vor und ermöglicht grundsätzlich auch den Schutz durch nachhaltige Nutzung, z. B. durch eine nachhaltige Bejagung.

DEUTSCHES RECHT

Da wir es bei der FFH-Richtlinie allerdings nicht mit einer EU-Verordnung, sondern mit einer Richtlinie zu tun haben, muss diese erst in nationales Recht umgesetzt werden, um für die Bürger eines Landes Verbindlichkeit zu erlangen. Derzeit werden die den Wolf betreffenden Regeln im Wesentlichen durch das Bundesnaturschutzgesetz[2] vermittelt. Naturschutz ist in Deutschland primär eine Angelegenheit des Bundes, die Naturschutzgesetze der Länder sind dem Bundesrecht nachgeordnet. Das Bundesnaturschutzgesetz wird durch die Bundesartenschutzverordnung[16] (Verordnung zum Schutz wild lebender Tier- und Pflanzenarten) ergänzt.

Diese enthält Konkretisierungen zu einigen Ge- und Verboten des Bundesnaturschutzgesetzes, insbesondere Vorschriften zur Haltung und dem Handel mit geschützten sowie auch nicht geschützten Arten sowie eine Liste der Arten, auf welche die Bestimmungen des Naturschutzgesetzes anzuwenden sind. Durch die Aufnahme auf diese Liste wird der Wolf den Bestimmungen des Naturschutzgesetzes unterstellt. Der zentrale den Wolf betreffende Paragraf im Bundesnaturschutzgesetz ist der § 44 („Vorschriften für besonders geschützte und bestimmte andere Tier- und Pflanzenarten"). Dieser legt fest, dass „besonders geschützte Arten", also auch Wölfe, weder getötet noch in ihren Lebensvorgängen behindert oder in ihren Lebensräumen gestört werden dürfen. Das Tötungsverbot gilt, das ist eine Besonderheit des Bundesnaturschutzgesetzes, in Deutschland auch für unabsichtliches Handeln, während die entsprechenden Regelungen in der FFH-Richtlinie sich lediglich auf absichtliches Handeln beziehen.

Für Deutschland bedeutet dies, dass nicht allein die absichtliche unmittelbare Tötung eines Wolfes untersagt ist, sondern auch alle Eingriffe in die Landschaft, welche das Risiko einer Tötung signifikant erhöhen können. Dies bedeutet zum Beispiel, dass jeder Ausbau etwa einer Eisenbahnstrecke oder Straße im Vorfeld daraufhin zu prüfen ist, ob in Zukunft dadurch voraussichtlich mehr Wölfe durch Kollisionen zu Tode kommen als vor dem Ausbau. Aufwendiges und teilweise jahrelanges Monitoring und/oder die umfangreiche Planung von Querungshilfen sind die Folge. Man kann diese Rechtslage aus Tierwohlsicht begrüßen, da jedes durch eine Kollision verletzte oder getötete Tier eines zu viel ist, zumal sicherlich auch viele andere, „normale" Tierarten wie Reh oder Hirsch von solch einer Vorgehensweise profitieren.

Aus Artenschutzsicht ist der Wert dieser Regelung in Bezug auf den Wolf eher fragwürdig, da beim Wolf die durch Kollisionsereignisse getöteten Tiere eher Teil der sog. „kompensatorischen Mortalität" sind[68]. Werden also mehr Wölfe überfahren, so sterben, vereinfacht gesagt, weniger an anderen Todesursachen, etwa Krankheiten oder innerartlichen Auseinandersetzungen.

Aus volkswirtschaftlicher Sicht bedeutet die Regelung im Bundesnaturschutzgesetz allerdings auch Kosten in vielstelliger Millionenhöhe pro Jahr und Verzögerungen großer Infrastrukturprojekte teilweise um Jahre[65]. Hier findet sich eine klassische Konfliktsituation innerhalb des Umweltschutzes, genauer gesagt zwischen Anforderungen des Klimaschutzes (z. B. Ausbau von Eisenbahnstrecken) einerseits und des Tier- und/oder Artenschutzes andererseits. Die Ausnahmen vom strengen Schutz des § 44 regelt der § 45 des Bundesnaturschutzgesetzes. Dabei orientiert sich das Bundesnaturschutzgesetz in Teilen an den Bestimmungen des Artikel 16 der FFH-Richtlinie, ohne deren Möglichkeiten jedoch auszuschöpfen, wie wir noch sehen werden. Solche Ausnahmen können einzelfallbezogen zur Abwendung erheblicher wirtschaftlicher Schäden, zum Schutz der natürlich vorkommenden Tier- und Pflanzenwelt, zu Lehr- und Forschungszwecken sowie der Wiederansiedlung, im Interesse der Gesundheit des Menschen oder der öffentlichen Sicherheit oder aus anderen zwingenden Gründen des öffentlichen Interesses, erfolgen.

Dieser Katalog der möglichen Ausnahmetatbestände klingt auf den ersten Blick ausgesprochen umfangreich[85]. Dem ist allerdings keineswegs so. So beziehen sich die erwähnten Ausnahmen ausschließlich auf den Einzelfall, d. h., im Zweifel muss, wenn ein Wolf aus den erwähnten Ausnahmegründen entnommen, d. h. i. d. R. getötet werden soll, das fragliche Individuum exakt identifiziert werden. Das bedeutete eine in der Praxis kaum lösbare Aufgabe. Bis 2017 wurden in Deutschland daher auch nur drei sog. „verhaltensauffällige Wölfe" entnommen[86]. Die Gesamtanzahl der im Rahmen der Ausnahmeregeln des Naturschutzrechts in den vergangenen 25 Jahren entnommenen Wölfe bewegt sich bis heute im niedrig zweistelligen Bereich, während derzeit beispielsweise in Frankreich unter gleichen Rahmenbedingungen des EU-Rechts (Anhang IV der FFH-Richtlinie) derzeit jährlich fast 200 Individuen entnommen werden (vgl. Kapitel 11).

Diese Vorgehensweise ist in Frankreich u. a. deshalb möglich, weil die FFH-Richtlinie (Artikel 16, Absatz 1, Buchstabe „e“) auch die Möglichkeit vorsieht, „unter strenger Kontrolle, selektiv und in beschränktem Ausmaß die Entnahme oder Haltung einer begrenzten und von den zuständigen einzelstaatlichen Behörden spezifizierten Anzahl von Exemplaren“ bestimmter Arten des Anhangs IV zu erlauben. Diese Ausnahme, das ist die Besonderheit, setzt nicht die Abwehr von Schäden oder unmittelbaren Gefahren voraus, sondern zielt auf die nachhaltige Entnahme einzelner Individuen, ohne dass es eines Gefahren- oder Schadensnachweises bedarf[31]. Diese Option wäre nicht zuletzt deshalb wichtig, um im Rahmen des Wolfsmanagement langfristig die Scheu der freilebenden Wölfe vor dem Menschen aufrechtzuerhalten[127].

Dieser mittlerweile vielzitierte „Buchstabe e“ des Artikel 16, Absatz 1 wurde in Deutschland nicht in das Bundesnaturschutzgesetz übernommen. Damit legt man sich selbst Fesseln an, welche ein sachgerechtes und akzeptanzerhaltendes Wolfsmanagement verhindern. Neben diesen Bestimmungen, die für alle streng geschützten Arten gelten, enthält das Bundesnaturschutzgesetz darüber hinaus mit dem § 45a „Umgang mit dem Wolf“ noch eine kleine Besonderheit, die sonst keiner anderen Art zuteil wird, sozusagen eine *„lex lupus“*.

Dieser Passus regelt so unterschiedliche Dinge wie das Füttern oder Anlocken von Wölfen oder die Entnahme von Hybriden zwischen Wolf und Haushund aus der Natur. Im Falle von Weidetierrissen, die keinem bestimmten Wolf eines Rudels individuell zugeordnet werden können, wird die Entnahmemöglichkeit insoweit liberalisiert, als auch ohne Zuordnung der Schäden zu einem Einzeltier einzelne Mitglieder eines Wolfsrudels in engem räumlichen und zeitlichen Zusammenhang entnommen werden dürfen[31].

Ein weiterer Punkt, der an dieser Stelle nur kurz angesprochen werden soll, ist die Frage des sog. „rechtfertigenden Notstandes“ gemäß § 34 Strafgesetzbuch[11]. Dabei geht es um die Abwägung zweier bedrohter Rechtsgüter. Wenn etwa ein Wolf eine Herde angreift, so stellt sich für den anwesenden Hirten oder Weidetierhalter die Frage, ob er als Abwehrmaßnahme in der Akutsituation (und nur dann) den Wolf verletzen oder töten darf.

Es geraten also zwei unterschiedliche Rechtsgüter in Konflikt. Zwischen Eigentumsrecht des Tierhalters und Tierwohl der Nutztiere einerseits und Artenschutz und Tierwohl des Wolfes andererseits wäre eine Abwägung zu treffen. Die Entscheidung in dieser Situation liegt letztlich meist in der Hand eines Gerichtes. Aufgrund dieser Unwägbarkeiten soll auf die Frage des Notstandes auch nicht näher eingegangen werden. Wehrt sich hingegen ein Mensch gegen einen unmittelbaren Wolfsangriff auf sich selbst oder einen anderen Menschen, wäre der Tatbestand der Notwehr nach § 32 Strafgesetzbuch[11] relevant. Hier stünde keine Abwägung unterschiedlicher Rechtsgüter, sondern die Frage der angemessenen Abwehrmaßnahme im Raum.

NACHHALTIGES WOLFSMANAGEMENT

Nachdem nun die Änderung des Schutzstatus des Wolfes im Rahmen der Berner Konvention und der FFH-Richtlinie erfolgt ist, stellt sich für Deutschland die Frage, wie es weitergeht. Wie bereits erwähnt, ändert sich zunächst nichts an den oben beschriebenen Bestimmungen. Allerdings hat es der Wolf bereits in den Koalitionsvertrag der aktuellen Regierungsparteien im Bund geschafft. Dieser sieht für die kommende Legislaturperiode eine Aufnahme des Wolfes ins Jagdrecht vor: „Mit den notwendigen Änderungen des Bundesnaturschutzgesetzes (BNatSchG) sorgen wir für eine rechtssichere Entnahme von Wölfen. Wir nehmen den Wolf umgehend ins Jagdrecht auf und erneuern dabei das Bundesjagdgesetz (BJagdG) punktuell.[15]“

Was darunter genau zu verstehen ist, ist derzeit allerdings noch weitgehend offen. So bleibt unklar, ob tatsächlich die „große Lösung“ einer Herausnahme aus dem Naturschutzrecht und kompletten Übernahme des Wolfes unter den Schutz des Jagdrechts geplant ist oder ob lediglich analog zu der bereits in einigen Bundesländern, z. B. Sachsen und Niedersachsen, bestehenden Regelung eine Unterstellung des Wolfes unter beide Rechtsgebiete, Naturschutz- und Jagdrecht, beabsichtigt ist. Letzteres würde an der grundsätzlichen Situation, dem hohen Schutzstatus mit sehr eng begrenzten Ausnahmeregelungen und nur wenig Raum für akzeptanzerhaltendes Management, kaum etwas ändern. Die Situation in den betreffenden Bundesländern zeigt, dass eine Aufnahme ins Jagdrecht unter gleichzeitiger Unterstellung unter das Naturschutzgesetz im Grunde keine Vorteile in der Praxis bietet. Durch die Beteiligung einer weiteren Behörde wächst lediglich die Bürokratie.

Wenn langfristig die Akzeptanz der unterschiedlichen Stakeholder insbesondere im ländlichen Raum erhalten werden soll und wenn ein Abgleiten der Aktivitäten etwa der Weidetierhalter ins Illegale nachhaltig verhindert werden soll, sind flexible und fachlich angemessene Managementkonzepte erforderlich, welche den Menschen bei der Lösung ihrer Probleme konkrete Hilfestellung bieten und die Scheu des Wolfes vor dem Menschen aufrechterhalten bzw. wiederherstellen[127]. Dazu muss ein zukünftiges nachhaltiges Wolfsmanagement auch mit der regelmäßigen lokalen, aber mittel- und langfristig auch flächendeckenden Entnahme von Wölfen arbeiten. Grundsätzlich ist dazu eine Aufnahme ins Jagdrecht nicht erforderlich. Das oben beschriebene Beispiel Frankreichs zeigt, dass auch im Rahmen von naturschutzrechtlichen Regelungen, welche an die neue Situation des Schutzes durch den Anhang V der FFH-Richtlinie angepasst werden müssten, eine Regulation der lokalen Wolfsvorkommen durchaus möglich wäre. Ob dieses dann allerdings mit der nötigen Konsequenz erfolgen könnte und welche Rolle die Inhaber des Jagdrechtes, die Eigentümer von Grund und Boden, in einem solchen Konzept spielen könnten, ist schwer vorherzusehen und wäre Gegenstand recht komplexer Regelungen.

Die einfachere Lösung wäre demnach tatsächlich, den Wolf vollständig dem Schutz des Jagdrechts zu unterstellen, zunächst mit ganzjähriger Schonzeit. Lokale Entnahmen könnten dann in Einzelfällen recht unbürokratisch, wie bei jeder anderen Wildart auch, durch die unteren Jagdbehörden bewilligt werden. Für eine später ins Auge zu fassende flächendeckende reguläre Bejagung könnten kurze Jagdzeiten und strenge Bejagungskriterien entwickelt werden. Dass der jagdrechtliche Schutz funktioniert, zeigt die Tatsache, dass hierzulande etwa in den vergangenen 100 Jahren keine Tierart, welche dem Schutz des Jagdrechts unterstellt war, ausgestorben ist[71]. Das Naturschutzrecht kann dies leider nicht von sich behaupten.

Wichtig ist aber, dass keine „Doppelunterstellung" unter Naturschutz- und Jagdrecht erfolgt. Diese schafft, wie wir in den betreffenden Bundesländern sehen, lediglich zusätzliche Kosten und bürokratischen Aufwand. Daher würde eine Aufnahme des Wolfes ins Bundesjagdgesetz bzw. die Verordnung über die Jagd- und Schonzeiten zwingend erfordern, den Wolf aus allen naturschutzrechtlichen Regelungen herauszunehmen. Ob dies gelungen ist, werden wir, wenn Sie dieses Buch in Händen halten, vermutlich genauer wissen.

ART UND POPULATION

Die Rechtsvorschriften zum Wolf beinhalten regelmäßig die beiden biologisch definierten Begriffe der Art und der Population. Blicken wir in das Bundesnaturschutzgesetz, so finden wir hier – jenseits aller wissenschaftlichen Definitionen – zwei völlig missglückte Versuche der Definition, welche in der Umsetzung der unterschiedlichen Rechtsnormen nicht nur nicht weiterhelfen, sondern diese im Grunde konterkarieren.

Eine Art wird dort beschrieben als „jede Art, Unterart oder Teilpopulation einer Art", während die Population „eine biologisch oder geografisch abgegrenzte Zahl von Individuen einer Art" sei. Wir erkennen leicht, dass der Gesetzestext zum einen am Problem der Redundanz („eine Art ist eine Art"), zum anderen aber auch an der fehlenden Eindeutigkeit krankt: Auch jede Unterart oder Teilpopulation einer Art wird hier einer Art gleichgesetzt. Damit entfernt man sich (offenbar bewusst, denn so viel Ignoranz mag man dem Gesetzgeber nicht unterstellen) weit von jeglicher wissenschaftlichen Definition einer Art. Die Gründe dafür bleiben unklar. Auch die Definition einer Population im Bundesnaturschutzgesetz schafft mehr Verwirrung, als sie weiterhilft: Weder wird klar, welche Kriterien zur Abgrenzung verwendet werden, noch welches Ausmaß die Abgrenzung haben muss. Für rechtliche Entscheidungen bedarf es jedoch einer operationalen, klaren Definition[72].

Diese liefert die Populationsgenetik. Legen wir zunächst das sog. biologische Artkonzept[102, 103] zugrunde, so gehören zu einer Art all jene Individuen, welche sich (theoretisch) miteinander paaren und fruchtbare Nachkommen haben können. Auf die tatsächliche Gelegenheit der Paarung kommt es hierbei nicht an. Wölfe in Nordamerika und Wölfe in Europa gehören zu ein und derselben Art, auch wenn sie sich im wahren Leben nie begegnen.

Eine Population wird in der Populationsbiologie nun regelmäßig als Teilmenge einer Art im Sinne einer Fortpflanzungsgemeinschaft definiert[155, 164]. In der Populationsgenetik wird es noch einmal präziser. Dort definiert man eine Population als „Kollektiv zu generativer Reproduktion befähigter Organismen, in welchem jedes Paar von Individuen die Möglichkeit besitzt, mindestens einen gemeinsamen

Nachfahren zu haben. Dies muss nicht notwendig schon in der unmittelbaren Folgegeneration eintreten[63]." Diese Aussage beschreibt exakt die Situation der Wölfe in Eurasien bzw. in Deutschland: Die zugewanderten Wölfe sind Teil einer großen baltisch-osteuropäischen Population, sie sind „Nachfahren" der dort lebenden Wölfe. Deren (direkte) Nachkommen und Nachfahren (in späteren Generationen) breiten sich ihrerseits weiter nach Westen bzw. Nordwesten und Südwesten aus, die Wölfe in Deutschland bilden also den westlichsten Rand einer großen baltisch-osteuropäischen, bzw. genauer gesagt „eurasischen" Population, denn diese setzt sich ja auch über Sibirien bis nach Ostasien fort.

Gleichzeitig besteht ein solcher Fortpflanzungszusammenhang auch nach Südosteuropa bis auf den Balkan und in die dinarischen Gebirge, über Karelien vermutlich auch nach Skandinavien (vgl. Abb. 30) und seit einigen Jahren über gemeinsame Welpen eines aus Sachsen bzw. Italien stammenden Paares im Bayerischen Wald auch zur (ehemaligen) apennino-alpinen Population, welche damit letztlich auch eine Teilpopulation einer großen, eurasischen Wolfspopulation darstellt[127]. Letztere bzw. deren Populationsdynamik muss auch zur Beurteilung des Erhaltungszustandes des Wolfes in Deutschland herangezogen werden. Diese Sichtweise wird auch in einem aktuellen Urteil des Europäischen Gerichtshofes[14] bestätigt. Andere Referenzgrößen, etwa die in Politik und Administration gerne verwendeten biogeografischen Regionen oder die Fokussierung auf politische Grenzen dürften damit auch obsolet sein.

GÜNSTIGER ERHALTUNGSZUSTAND

Unabhängig davon, ob der Wolf nun langfristig dem Jagd- oder Naturschutzrecht unterliegen wird, ist es erforderlich, für den sog.

„günstigen Erhaltungszustand" der Art Sorge zu tragen. Dabei handelt es sich nicht um einen biologischen und im Grunde auch nicht um einen naturschutzfachlichen Begriff, sondern um eine juristische Formulierung, die sich aus dem Artikel 1 der FFH-Richtlinie herleitet und sich dementsprechend auch in den daraus hergeleiteten nationalen Gesetzen findet.

Über kaum einen Begriff wurde im Zusammenhang mit dem Wolf in den vergangenen Jahren so intensiv diskutiert, wie über denjenigen des günstigen Erhaltungszustandes. Warum das so ist, sei nachfolgend einmal kurz dargestellt. Werfen wir zunächst einen Blick in das maßgebliche Dokument: Die FFH-Richtlinie definiert genau drei Kriterien für den günstigen Erhaltungszustand einer Art, er ist dann erreicht, wenn ...

- „... aufgrund der Daten über die Populationsdynamik der Art anzunehmen ist, daß diese Art ein lebensfähiges Element des natürlichen Lebensraumes, dem sie angehört, bildet und langfristig weiterhin bilden wird, und
- das natürliche Verbreitungsgebiet dieser Art weder abnimmt noch in absehbarer Zeit abnehmen wird, und
- ein genügend großer Lebensraum vorhanden ist und wahrscheinlich weiterhin vorhanden sein wird, um langfristig ein Überleben der Populationen dieser Art zu sichern."

Dieses Originalzitat aus der (offiziellen deutschen Version der) FFH-Richtlinie zeigt zweierlei: Erstens ist es für einen juristischen Text ausgesprochen gut verständlich und dementsprechend auch mit gesundem Menschenverstand interpretierbar. Es braucht im Grunde keine weiteren Auslegungen und fachlichen Expertisen, um diesen Text zu verstehen. Zweitens hebt es auf vier Begriffe ab: die Art, deren Populationsdynamik, ihr Verbreitungsgebiet und ihren Lebensraum. Mehr nicht.

Einige Wissenschaftler, die im Auftrag der EU-Kommission oder anderer öffentlicher Stellen hierzu Leitlinien erarbeiten, wollen es dabei allerdings nicht belassen. Sie definieren zahlreiche zusätzliche Kriterien wie etwa eine „günstige Referenzpopulation“ (favorable reference population) eines bestimmten Populationsumfanges oder ein „günstiges Referenzgebiet“ (favorable reference range), welches besetzt sein muss[97]. Doch diese Kriterien sind bis heute einerseits fachlich umstritten, andererseits keineswegs rechtsverbindlich[31]. Das Bundesumweltministerium geht schließlich noch einmal einen Schritt weiter: Ohne nähere fachliche Begründung finden wir dort folgende Aussage zum günstigen Erhaltungszustand des Wolfes[1]: „Die räumliche Bezugsgröße für die Feststellung der Erhaltungssituation folgt den politisch-geografischen Mustern (Landesgrenzen) und zusätzlich den einzelnen biogeografischen Regionen in Deutschland. Dies sind die atlantische, die kontinentale und die alpine Region. Auf den Wolf übertragen, lässt sich der günstige Erhaltungszustand wie folgt formulieren: Wölfe leben jetzt und auch in Zukunft überall dort, wo sie von Natur aus leben können (...)“.

Diese Aussage ist weder naturwissenschaftlich (Wölfe halten sich als große mobile Säugetiere weder an politische noch an sog. „biogeografische Grenzen“) noch rechtlich (s. o.) auch nur ansatzweise tragfähig. Sie lässt aber einen nicht geringen Einfluss fundamentaler Naturschutzgruppen und -lobbyisten auf die Bundesregierung vermuten.

Ein interessantes Indiz für einen Politikwechsel im Bundesumweltministerium stellt die aktuelle Meldung des Erhaltungszustandes für den Wolf an die Europäische Union dar: Für die atlantische biogeographische Region wurde ein günstiger, für die kontinentale biogeographische Region ein unklarer und für die alpine Region gar kein Erhaltungszustand gemeldet. Einmal abgesehen von der Unsinnigkeit der biogeographischen Region als Bezugsraum deutet dies darauf hin, dass man den Weg für ein aktives Management öffnen will.

Anhand der Diskussion um den Begriff des „günstigen Erhaltungszustandes" wird das grundlegende Dilemma des Umgangs mit dem Wolf noch einmal deutlich: Weder naturwissenschaftlich noch rechtliche Argumente werden gehört, solange politische Partikularinteressen eine Rolle spielen. Ob tatsächlich eine Übernahme des Wolfes ins Jagdrecht ohne Doppelunterstellung gelingen wird und ob wir es dadurch vielleicht schaffen, die Diskussion ein Stück weit zu ent-emotionalisieren und zu ent-politisieren, wird die Zukunft zeigen.

10. WILDTIERMANAGEMENT – SCHLÜSSEL ZUM MITEINANDER

Wie oben beschrieben, gab es bis ins frühe 20. Jahrhundert in Mitteleuropa ein sehr einfaches Managementkonzept für den Wolf. Es lautete: „Töte jeden Wolf, dessen du habhaft werden kannst." Die Folge war, dass der Wolf über viele Jahrzehnte verschwunden blieb. In Deutschland und einigen anderen mitteleuropäischen Ländern haben wir seit etwa einem Vierteljahrhundert ein anderes Managementkonzept[127]. „Tue keinem Wolf etwas zuleide, egal, welche Probleme er verursacht", könnte man dieses vereinfachend beschreiben.

Auch dieser Ansatz ist offensichtlich gescheitert: Zwar geht es dem Wolf in Mitteleuropa derzeit wieder gut und er breitet sich aus. Die Akzeptanz der betroffenen Menschen aber, etwa der Landwirte mit Tierhaltung, hat sich keineswegs verbessert. Die Konflikte konnten nicht wirklich gelöst werden oder haben sich sogar verschärft, die Akzeptanz des Wolfes ist tendenziell gesunken[128]. Insbesondere im ländlichen Raum scheinen die Ressentiments der Menschen gegenüber der Präsenz des Wolfes weiter anzusteigen[35, 152, 180]. Dabei gehört es zu den wichtigsten Aufgaben des Wildtiermanagements, Konflikte zu lösen und die Akzeptanz der Menschen für Wildtiere herzustellen.

Was bedeutet „Wildtiermanagement"

Unter Wildtiermanagement[71] verstehen wir diejenigen Planungs-, Leitungs-, aber auch Umsetzungsaktivitäten von Personen oder Organisationen, die geeignet sind, bestimmte Ziele im Kontext von Wildtieren und deren Interaktion mit Menschen zu erreichen. Wildtiermanagement bezieht sich dabei nie ausschließlich auf das Wildtier, in unserem Falle den Wolf, sondern immer auch auf den Menschen. Oft geht es dabei um die Bearbeitung und Lösung von Konflikten zwischen unterschiedlichen Interessengruppen (z. B. Landwirtschaft *versus* Naturschutz) und um die Herstellung von Akzeptanz gegenüber Wildtieren.

Der Begriff „Management" leitet sich aus dem Lateinischen her und enthält die Begriffe „manus" (= Hand) und „agere" (= tun, handeln). Es geht also darum, aktiv zu handeln und Probleme zu lösen. Im Mittelpunkt des Wildtiermanagement steht letztlich das Mensch-Tier-Verhältnis. Daraus entstehende Themen und Fragen werden auf der Grundlage unterschiedlichster Methoden und Handlungskonzepte bearbeitet: aus Biologie und Ökologie, Land- und Forstwirtschaft, Jagd, Fischerei und Naturschutz, Tierschutz, Tourismus- und Verkehrswissenschaften, Landschaftsarchitektur und Architektur, Veterinär- und Humanmedizin, Pharmakologie, Rechtswissenschaften, Soziologie, Ökonomie, Ethik und anderen mehr. Somit hat das Wildtiermanagement einen ausgesprochen inter- bzw. transdisziplinären Charakter.

In Bezug auf die Wiederbesiedlung Mitteleuropas durch den Wolf bestehen derartige Konflikte nahezu von Anfang an. Im vergangenen Vierteljahrhundert wurden diese allerdings nicht oder allenfalls in Teilbereichen gelöst. Diese Entwicklung ist ein deutliches Indiz, dass gravierende Fehler im Wolfsmanagement gemacht wurden oder dieses sogar insgesamt versagt hat. Ein zentrales Problem in Deutschland scheint die Strategie zu sein, bis heute weitestgehend auf ein aktives Wolfsmanagement zu verzichten und stattdessen im Wesent-

162

lichen die Situation zu beobachten und abzuwarten, was passiert[69]. Die unterschiedlichen Managementwerkzeuge (s. u.) kamen bislang nur in sehr reduziertem Umfang zum Einsatz.

Nachdem Brandenburg bereits im Jahre 1994 als Erstes aller deutschen Bundesländer einen Wolfsmanagementplan auf den Weg brachte[25], haben in den folgenden Jahrzehnten die meisten Bundesländer sog. „Wolfsmanagementpläne“ entwickelt. Ihnen ist leider allen gemeinsam, dass sie für die Praxis eher wenig brauchbar sind. Es werden im Wesentlichen bürokratische Strukturen zur Verwaltung des Wolfes aufgebaut. Praktische Handreichungen, welche den Bürgern oder Weidetierhaltern unmittelbar weiterhelfen, sind selten.

Bislang besteht das Wolfsmanagement in Deutschland vereinfachend gesagt aus drei Grundbausteinen: ein – vergleichsweise aufwendiges – Wolfsmonitoring wurde eingerichtet, Anforderungen an passive Schutzmaßnahmen (insbesondere durch Zäune) festgelegt (die in den Folgejahren immer wieder „nachgebessert“ werden mussten) und ein System der Entschädigungszahlungen für Nutztierrisse etabliert. Im Übrigen verließ man sich auf außerordentlich strenge Schutzvorschriften, welche z. T. deutlich über die Anforderungen der Europäischen Union (vgl. Kapitel 9) hinausgingen.

Nachstehend wollen wir einige Instrumente für ein umfassendes Wildtiermanagement des Wolfes kurz vorstellen und deren Möglichkeiten und Grenzen aufzeigen.

MONITORING

Der Begriff des Monitorings beschreibt zunächst einmal jede sich regelmäßig wiederholende Erfassung von Zuständen. Bei Wildtieren wendet man den Begriff des Monitorings vor allem auf die regelmäßige Erfassung von Abundanzen, d. h. Individuenzahlen pro Flächeneinheit, an. Das Wolfsmonitoring bildet hier keine Ausnahme, es ist der Basisbestandteil in den meisten mitteleuropäischen Ländern. Zwischen den einzelnen europäischen Staaten bestehen dabei allerdings deutliche Unterschiede in der Intensität und den eingesetzten Methoden.

In Deutschland versucht man, neben dem Sammeln von Hinweisen auf die Anwesenheit (Losung, Fotos, Totfunde etc.) möglichst viele Wolfsindividuen durch einen sog. „genetischen Fingerabdruck" zu charakterisieren, d. h. ein DNA-Profil, welches so detailliert ist, dass dieses mit hoher Wahrscheinlichkeit bei keinem zweiten Wolf auftritt (eben wie ein echter Fingerabdruck). Auch erfolgt meist eine Autopsie tot aufgefundener Wölfe.

Dadurch sind unsere Kenntnisse über die Entwicklung des Wolfsbestandes in Deutschland vergleichsweise gut. Insbesondere gelingt es oft, über die zahlenmäßige Erfassung des Bestandes hinaus auch Verwandtschaftsverhältnisse und die Ausbreitungsgeschichte gut zu belegen. Auch die Zuordnung einzelner Individuen zu bestimmten Nutztierrissen ist auf diese Weise leichter möglich. Diese Vorgehensweise hat in der praktischen Umsetzung allerdings auch Nachteile: Nach wie vor ist das Qualitätsmanagement der Laboruntersuchungen bei dem einzigen (!) von der Naturschutzverwaltung ausgewählten Labor, vollmundig „nationales Referenzlabor" genannt, verbesserungswürdig.

So wäre etwa die regelmäßige Durchführung sog. „Ringversuche" wichtig, bei denen dieselbe Probe anonymisiert in eine Vielzahl von unabhängigen Untersuchungseinrichtungen geschickt wird. Erst wenn die Labore immer wieder alle das gleiche Ergebnis erzielen, ist ein hinreichender Qualitätsstandard erreicht. Ein ähnliches Thema ist die fehlende Transparenz. So ist es derzeit anderen Forschungseinrichtungen kaum möglich, vom sog. „nationalen Referenzlabor" Probenmaterial zu erhalten, um im Sinne einer guten wissenschaftlichen Praxis die Reproduzierbarkeit der Resultate zu überprüfen. Die genannten Probleme führen zu einem teilweise massiven Vertrauensverlust betroffener Gruppen gegenüber administrativen Entscheidungen und letztlich zu einem weiteren Akzeptanzverlust für den Wolf.

C1	C2	C3
Lebendfänge	Wolfstypische Spur im geschnürten Trab (mind. 100/500/2000 Meter je nach Untergrund)	Einzelne Trittsiegel
Totfunde	Wolfstypischer Kot auf Wegen/an Wolfsspur	Spuren in anderen Gangarten als geschnürter Trab
DNA-Nachweis	Wolfstypischer Riss	Stark genutzte Risse
Überprüfte Fotos/Videos (sowohl von Fotofallen als auch Sichtbeobachtungen)	Chorheulen, durch Heulanimation ausgelöst	Wolfstypischer Kot abseits von Wegen/Wolfsspur
Telemetrielokalisationen		Haare ohne DNA-Nachweis
		Urin ohne DNA-Nachweis
		Heulen
		Sichtbeobachtungen ohne Foto-/Videobeleg in ausreichender Qualität
		Hinweise Dritter, die aufgrund unzureichender Dokumentation keine Bestätigung eines Wolfshinweises zulassen.

Tabelle 2: Indizien für das Auftreten von Wölfen und Vorschlag für deren Bewertung nach SCALP („Status and Conservation of the Alpine Lynx Population")-Kriterien[143a]

Ein weiterer Nachteil dieses sehr intensiven Monitorings sind die hohen Kosten, welche vor allem durch die molekularen Analysen (pro Probe kann man von Kosten in Höhe eines niedrig dreistelligen Eurobetrages ausgehen) verursacht sind. Grundsätzlich gibt es allerdings über die molekularen Analysen hinaus weitere Möglichkeiten der Erfassung von Wölfen. Aus der Luchsforschung wurden hierzu die sog. „SCALP-Kriterien" übernommen, wobei die Abkürzung für „Status and Conservation of the Alpine Lynx Population" steht. Es ist zunächst ein Verfahren des qualitativen Monitorings, d. h., die Anwesenheit von Wölfen als solchen, nicht jedoch deren Anzahl kann auf diese Weise erfasst werden.

Der Vorteil der Verwendung sehr restriktiver Kriterien, z. B. nur C1 oder C1 plus C2 (vgl. Tabelle 2), liegt in der vergleichsweise hohen Wahrscheinlichkeit, keine sog. „falsch-positiven Resultate" (z. B. die

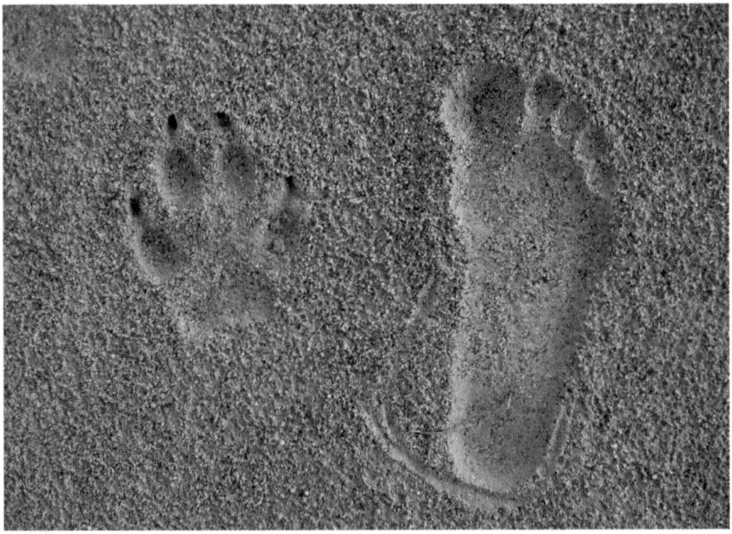

Abb. 47: Ein einzelnes Trittsiegel ermöglicht keine sichere Unterscheidung zwischen einem großen Hund und einem Wolf, daher fällt es auch nur in die Kategorie C3 der SCALP-Bewertung.

versehentliche Einordnung eines Haushundes als Wolf) zu erhalten. Der Nachteil dieser Vorgehensweise ist, dass zahlreiche Wölfe übersehen oder nicht als solche registriert werden, was zumindest in der Phase der Wiederbesiedlung auch zu einer recht deutlichen Unterschätzung des tatsächlichen Bestandes führen kann. Lässt man auch die unsicheren C3-Kriterien zu, erhält man großräumig eine bessere Annäherung an den tatsächlichen Bestand, könnte aber, gerade beim Vorhandensein sehr weniger Individuen, diesen auch überschätzen.

Das zahlenmäßige Monitoring stellt eine Basisleistung im Wildtiermanagement dar, auf welche auch in Zukunft keinesfalls verzichtet werden sollte. Zu diskutieren ist die Frage, ob in Zukunft nicht einfachere Erfassungsmethoden, etwa das Abfährten (Absuchen des Reviers nach Wildfährten) bei Schnee (wo es aus klimatischen Gründen regelmäßig möglich ist), oder ein dichtes Netz aus Wildkameras („Fotofallen", vgl. Abb. 48–51) eingesetzt werden sollen. Auch eine Erfassung durch in Natur und Landschaft tätige Personen, z. B. Forstleute und Jäger, im Sinne eines sog. „citizen science"-Ansatzes wäre denkbar.

Mindestens ebenso wichtig wie die zahlenmäßige Erfassung des Wolfsbestandes wäre allerdings die regelmäßige Untersuchung, wie sich die Akzeptanz des Wolfes bei unterschiedlichen Interessengruppen, z. B. Nutztierhaltern, Jägern, Bewohnern ländlicher Gemeinden, Betreibern von Waldkindergärten etc., über die Zeit entwickelt. Hierzu bedarf es aussagefähiger Fragebogensysteme, mit deren Hilfe in regelmäßigen Abständen (etwa jährlich oder alle zwei oder fünf Jahre) die jeweiligen gesellschaftlichen Gruppen mit gleichbleibenden Fragebögen befragt werden. Die Änderungen im Antwortverhalten lassen dann auf eine Zu- oder Abnahme der Akzeptanz schließen. Leider wurde dieser bereits seit Langem empfohlene Ansatz bislang nicht in das Wolfsmonitoring der Naturschutzverwaltungen integriert.

Abb. 48–51: Wildkameras liefern wichtige Informationen zum lokalen Wolfsbestand und könnten in Zukunft ein wichtiger Teil des Wolfsmonitorings werden.

VERHINDERUNG VON KOLLISIONEN MIT WÖLFEN AN STRASSEN UND EISENBAHNSTRECKEN

Die Frage, ob und wie rasch sich Wölfe in der Zivilisationslandschaft überhaupt ausbreiten können, lässt sich mittlerweile recht gut beantworten. Während das dichte Verkehrswegenetz in Mitteleuropa für zahlreiche andere mobile Säugetierarten (z. B. Rotwild oder Luchs)

und erst recht z. B. für manche Amphibien und Reptilien zusehends zu einem Problem wird, scheinen Wölfe die bestehenden Strukturen gut nutzen zu können. Dabei nutzen die Tiere regelmäßig Straßenbrücken und Unterführungen, die keineswegs zwingend den Normen für Wildquerungshilfen entsprechen müssen.

Wildbrücken werden ebenfalls regelmäßig genutzt, sodass diese Form der Querungshilfen auch im Kontext der Ausbreitung des Wolfes regelmäßig eingesetzt werden sollte. Dies ist insbesondere dort angezeigt, wo Wildzäune an kreuzungsfreien Verkehrswegen, insbesondere Autobahnen, errichtet werden.

Dennoch kommt es jedes Jahr zu Kollisionen mit Wölfen im Straßenverkehr, und – in geringerem Umfang – auch an Eisenbahnstrecken. Besonders problematisch sind dabei längere gezäunte Abschnitte an nicht kreuzungsfreien Verkehrswegen. Untersuchungen aus Spanien[41] zeigten, dass an gezäunten Straßenabschnitten mehr

Abb. 52: Wenngleich Wölfe regelmäßig auch Straßenbrücken oder einfache Unterführungen nutzen, so stellen Wildbrücken über Autobahnen doch ein wichtiges Managementinstrument dar, um die Konnektivität der Landschaft zu erhalten.

Abb. 53: Verkehrswege ohne Zaun können von Wölfen grundsätzlich relativ gut überwunden werden.

Kollisionen mit Wölfen auftraten als an nicht gezäunten Abschnitten. Das Risiko, an den Zaunenden straßenseitig in den Zaun hineinzugeraten und dort dann gefangen zu sein, ist offenbar hoch.

Ähnliches gilt auch, wenn sich an beiden Seiten eines Verkehrsweges Lärmschutzwände befinden. Zur Lösung dieses Problems werden aktuell Sicherungssysteme für Zaunenden oder den Beginn von Lärmschutzwänden entwickelt, welche das Eindringen von Tieren (Beutetieren ebenso wie Prädatoren) verhindern oder zumindest unwahrscheinlicher machen.

Auch wenn jedes Verkehrsopfer im Grunde eines zu viel ist, so können wir aber auch feststellen, dass die durch Autofahrer und Eisenbahnfahrzeuge verursachte Mortalität innerhalb der Wolfspopulation aus Sicht des Artenschutzes bislang insofern tolerierbar ist, als sie absolut gesehen nur einen sehr kleinen Teil der Population, insbesondere Welpen und Jährlinge, betrifft. Das bedeutet für eine Art mit einer vergleichsweise hohen Zahl an Nachkommen und einer von Natur aus hohen Jugendsterblichkeit (vgl. Kapitel 7), dass die weitere Entwicklung der Population oder der günstige Erhaltungszustand (vgl. Kapitel 9) dadurch nicht beeinträchtigt werden[68].

UMGANG MIT KRANKHEITEN UND VERLETZTEN TIEREN

Krankheiten bei Wildtieren können aus unterschiedlichen Blickwinkeln betrachtet werden. Einerseits stellen sie, unter natürlichen oder naturnahen Bedingungen, ein Regulativ dar, welches neben anderen Faktoren dafür sorgt, dass Wildtierpopulationen nicht überhandnehmen und ihren eigenen Lebensraum oder ihre Nahrungsbasis zerstören. In der Zivilisationslandschaft ist es allerdings selten möglich, bei großen Säugetieren wie dem Wolf auf „Selbstregulation“

Abb. 54: Durch Kollision mit einem Eisenbahnfahrzeug getöteter Wolf in Italien (Andrea Mologni)

durch Krankheiten zu setzen. Einerseits, weil die Bestände oft hoch anwachsen können, bevor Krankheiten als Regulativ einsetzen. Solche Bestandesumfänge würden gesellschaftlich nicht toleriert.

Zum anderen tragen wir Menschen im Zivilisationsraum auch eine unmittelbare Verantwortung für die Wildtiere. Wenn wir nämlich einerseits Lebensräume der Tiere zerstören und deren natürliche Lebensbedingungen verändern, können wir nicht erwarten, dass sich die Wildtierpopulationen noch „natürlich" verhalten. Auch das Tierleid, welches mit den Krankheiten oft verbunden ist, etwa im Falle der Räude beim Wolf, ist dann nichts Naturgegebenes, und wir haben in gewissem Rahmen eine ethische Pflicht, diese Leiden zu minimieren. Dies kann einerseits durch Prophylaxe oder Therapie der Krankheiten geschehen, aber auch, indem man schwerkranke Tiere von ihren Leiden erlöst, indem man sie tötet.

Eine dritte Kategorie von Krankheiten, welche durchaus mit den beiden erstgenannten überlappen kann, sind sog. „Zoonosen", aber auch Krankheiten, die auf Haustiere übertragbar sind. Aus der Vielzahl an Krankheiten, welche den Wolf befallen können, sind es einige wenige, welche nach den oben genannten Kriterien auch für das Wildtiermanagement relevant sind. Im Vordergrund der Überlegungen sollte die Tollwut stehen. Bis zu seiner Ausrottung in Mitteleuropa war der Wolf einer der wichtigsten Überträger der sog. „sylvatischen Tollwut", welche im Gegensatz zur urbanen Tollwut sich in ihrem Krankheitsgeschehen vor allem innerhalb der Wildtiere abspielte. Mit Rückgang des Wolfes übernahm zunehmend der Fuchs diese Rolle. Erst durch die Schluckimpfung der Füchse gegen Ende des 20. Jahrhunderts konnte der Infektionskreislauf in Mitteleuropa durchbrochen werden. In Osteuropa ist dies bis heute nicht der Fall.

Der häufige Hinweis, dass die Tollwut „in weiten Teilen Europas ausgerottet" sei[143], verkennt die Problematik. In der Epidemiologie ist es ein bekanntes Phänomen, das ausgerottet geglaubte Krankheiten mit der Aufgabe regelmäßiger Impfungen sehr schnell zurückkehren. Dabei können aufgrund der langen Inkubationszeit und weiter Wanderungen (vgl. Kapitel 7) Wölfe in Zukunft durchaus eine entscheidende Rolle spielen. Nachdem nun in zahlreichen Bundesländern die Tollwutimpfung des Fuchses seit einigen Jahren eingestellt wurde und eine solche Impfung der Wölfe bislang nicht erfolgt, dürfte es sich nur um eine Frage der Zeit handeln, bis es erneut zum Auftreten der Tollwut in Mitteleuropa kommt.

Absolut gesehen ist das Risiko einer Tollwuterkrankung für den Menschen zwar gering, doch der fast ausnahmslos tödliche Verlauf der Krankheit macht diese so bedrohlich. Ein einziger humaner Tollwutfall in Zusammenhang mit dem Wolf könnte die Wiederbesiedlung Mitteleuropas durch den Wolf leicht wieder infrage stellen (vgl. auch Kasten „Tollwut“ in Kapitel 8).

Für den Menschen nicht weniger bedrohlich sind Bandwurmarten wie der dreigliedrige Hunde- oder der Fuchsbandwurm. Inwieweit hierbei der Wolf, ähnlich dem Fuchs[87], epidemiologisch auch für den Menschen eine Rolle spielt, ist noch unklar. Unabhängig davon wäre es ausgesprochen wichtig, sich in Zukunft, zumindest im Umfeld urbaner Räume, mit der Bekämpfung dieser Zoonosen zu beschäftigen[88]. Weitere wichtige Krankheiten, die zwar für den Menschen unproblematisch sind, aber beim Wolf mit zunehmender Populationsdichte möglicherweise seuchenartig auftreten, sind die Staupe, die Parvovirose sowie die Aujetskysche Krankheit und auch die Räude.

Bei der Staupe handelt es sich um eine in hohem Maße ansteckende Viruserkrankung vor allem der Hundeartigen, doch sind auch andere Raubtiergruppen wie Marder, Waschbären oder Robben betroffen. Die Staupe ist eine u. a. dichteabhängige Erkrankung, d. h., ein lokal zu hoher Fuchs- oder Waschbärbestand kann auch zu einer Übertragung auf Wölfe führen. Daher ist die Regulation von Fuchs und Waschbär in Gebieten mit Wolfsvorkommen auch ein Teil eines umfassenden Wolfsmanagements. Im Übrigen ist die Erkrankung für Haushunde gefährlich, welche allerdings durch eine entsprechende Impfung geschützt sein sollten.

Die Parvovirose wird durch das sog. „Canine Parvovirus“ (CPV) verursacht und über Exkremente bzw. von diesen aus durch Insekten übertragen. Hunde sollten gegen diese Krankheit geimpft sein. Die Erkrankung machte beim Wolf von sich reden, als in den 1990er-Jahren in Nordamerika der Wolfsbestand auf der Isle Royale deutlich zurückging. Möglicherweise war eine Parvovirusinfektion seinerzeit (mit)ursächlich[135]. In Deutschland spielt die Parvovirose derzeit für das Management keine Rolle. Die Aujetskysche Krankheit ist eine Viruserkrankung (eine spezielle Form des Herpesvirus) und befällt zahlreiche Säugetiere, wobei Menschen (insgesamt Primaten) und Pferde als resistent gelten.

Im Gegensatz zu anderen Herpesviren zeigt der Erreger eine hohe Überlebensfähigkeit in der Umwelt, etwa in Kadavern, aber auch im Urin und an entsprechenden Stellen im Boden. Hauptwirt sind Schweine, d. h. in der Natur Wildschweine. Hunde oder Wölfe können sich an Kadavern erkrankter Wildschweine infizieren, Haushunde vor allem, wenn sie mit rohem Wildschweinfleisch gefüttert werden. Der Krankheitsverlauf zeigt aufgrund des Befalls des Zentralnervensystems oft ähnliche Symptome wie die Tollwut, daher nennt man die Krankheit auch „Pseudowut".

Beim Wildschwein kann die Krankheit weder durch Impfung verhindert noch behandelt werden, doch die meisten Wildschweine überleben eine Infektion. Bei Hunden und vermutlich auch bei Wölfen führt die Krankheit meist nach ein bis zwei Tagen zum Tode. Aktuell scheint die Aujetskysche Krankheit aufgrund einer noch relativ geringen Verbreitung in der Wildschweinpopulation kein akutes Problem für die Wolfspopulation zu sein. Konkrete Maßnahmen sind im Rahmen des Wolfsmanagement nicht vorgesehen.

Die Räude wiederum ist eine von Hautparasiten, den Räudemilben, verursachte Erkrankung, die über den Körperkontakt zwischen Individuen, aber auch z. B. über Füchse und Marderhunde auf den Wolf übergehen kann. Der aktuell sehr hohe Fuchsbesatz dürfte somit auch eine Infektionsquelle für Wölfe sein. Durch den engen sozialen Kontakt im Wolfsrudel kommt es dann schnell zu einer Ansteckung mehrerer Tiere.

Die Grabtätigkeit der Räudemilbe in der Haut führt primär zu starkem Juckreiz, die Tiere kratzen sich, es kommt sekundär zu Entzündungen sowie zu Vereiterung und nässenden, verschorften Wunden auf der Haut. Gleichzeitig kommt es zum Haarausfall, vor allem auf dem Rücken und im Bereich der Rute, mit großflächig kahlen Stellen, die manchmal auch weitere Körperpartien betreffen. Hochgradig an Räude erkrankte Tiere wirken oft apathisch und abgekommen, die Mortalität ist bei Räudebefall insbesondere unter den Welpen erhöht.

Für das Wolfsmanagement spielt die Räude insofern eine Rolle, als in der Vergangenheit immer wieder die Frage diskutiert wurde, ob bzw. wer ein schwer erkranktes Tier aus Gründen des Tierwohls töten und somit von seinen Leiden erlösen darf. In diesem Zusammenhang werden auch immer wieder Beispiele berichtet, in denen sichtlich kranke oder verletzte Tiere erst eingefangen, zum Tierarzt verfrachtet und dort eingeschläfert wurden[17].

Gleiches gilt übrigens für – etwa durch eine Kollision mit einem Fahrzeug – schwer verletzte Wölfe. Auch hier sind derzeit die Regelungen der Managementpläne bürokratisch überfrachtet und die Entscheidungswege unverhältnismäßig lang.

Verletzte Tiere müssen oftmals über viele Stunden leiden, bis sie endlich von ihren Schmerzen erlöst werden dürfen[8]. Nicht genug, das die Tiere aufgrund ihrer Verletzungen große Schmerzen haben, zusätzlich müssen sie noch die Angst ertragen, während Menschen um sie herumstehen oder das Tier zum Tierarzt verfrachtet wird. Viele Managementpläne für den Wolf zeigen diesbezüglich kaum Empathie und großen Nachholbedarf im Sinne des individuellen Tierwohls. Neben der als dringlich anzusehenden Erfordernis der Wiederaufnahme von Tollwutimpfungen beim Fuchs und der zügigen Entwicklung von Impfroutinen für den Wolf stellt die Schaffung einer Rechtslage, welche die unbürokratische und tierwohlgerechte Tötung schwerkranker und massiv leidender Individuen ermöglicht, eine zentrale Aufgabe für zukünftige Managementpläne dar.

SORGE UM DIE NAHRUNGSBASIS DER WÖLFE

Einer der wichtigsten Punkte im Rahmen des Managements großer Prädatoren ist die Sorge um eine hinreichende Nahrungsbasis. So ist ein geringer Bestand freilebender Huftiere, also insbesondere von Rehen und Hirschen oder auch Wildschweinen, regelmäßig ein Grund für vermehrte Übergriffe auf Nutztiere. Wir wissen aus zahlreichen Untersuchungen zur Beute der Wölfe in unterschiedlichen Regionen des Mittelmeerraumes, also Italien[113, 116], Spanien[147], Portugal[173] oder Griechenland[115] in denen freilebende Huftiere nur in geringen Beständen vorkommen, dass Wölfe dort tendenziell mehr Nutztiere erbeuten. Interessant ist auch, dass dieses Phänomen etwa mit der Zunahme des Rotwildbestandes nach dessen Wiederansiedlung im Apennin[112, 178] rückläufig war.

In Deutschland könnten solche Probleme etwa in den ausgedehnten „rotwildfreien" Gebieten Süddeutschlands entstehen. Wie wir in Kapitel 6 (Abb. 32/33) gesehen haben, siedeln sich Wölfe bevorzugt u. a. dort an, wo relativ hohe Rotwilddichten existieren. Umgekehrt bedeutet das, dass niedrige Rotwildbestände oder fehlendes Rotwild wohl auch die Niederlassung sesshafter Paare oder Rudel verzögern.

Verzögern bedeutet aber nicht, dass sich dort keine Wölfe ansiedeln werden: Wenn die Wolfspopulation in Mitteleuropa weiterhin in dem Umfang wie in der Vergangenheit wächst (vgl. Abb. 41), so ist abzusehen, dass auch diejenigen Regionen Deutschlands, die lediglich eine geringe Nahrungsbasis aufweisen, vom Wolf in absehbarer Zeit besiedelt werden. Bislang machen sich die für das Wolfsmanagement und die entsprechenden Managementpläne Verantwortlichen einschließlich der zuständigen Behörden in Deutschland um das Thema Nahrungsbasis kaum Gedanken. Man geht offenbar stillschweigend davon aus, dass es irgendwie schon reichen sollte, und wartet auf die Rückkehr der Wölfe.

Abb. 55: Naturnahe Rotwilddichten wie etwa auf dem Truppenübungsplatz Grafenwöhr begünstigen die Ansiedlung sesshafter Wolfsrudel.

Gleichzeitig reduziert man die freilebenden Huftiere, Reh- und Rotwild, aber auch Dam- und Muffelwild, in erheblichem Ausmaß. In Baden-Württemberg und Bayern besteht etwa das Ziel, Rotwild in weiten Teilen des Landes auszurotten bzw. dessen natürliche Zuwanderung zu verhindern und die Wildart nur in ganz bestimmten, räumlich abgegrenzten Gebieten zuzulassen. Ähnliches gilt nach dem jüngst verabschiedeten Jagdgesetz in Rheinland-Pfalz für das Dam- und Muffelwild. Der enorme Interessenkonflikt zwischen Land- und Forstwirtschaft einerseits und Naturschutz andererseits wird dabei ganz offensichtlich verdrängt oder zumindest in der Öffentlichkeit, aber auch innerhalb der großen Naturschutzverbände, totgeschwiegen.

Wenn wir es mit der Wiederbesiedlung Mitteleuropas durch den Wolf ernst meinen, wäre eine reduzierte Bejagung der großen Huftiere zumindest mit dem ersten Auftreten des Wolfes, die Toleranz naturnäherer Huftierdichten in der Landschaft sowie die Aufhebung der bestehenden flächenhaften Ausrottungsgebote für bestimmte Arten eine wichtige Maßnahme im Rahmen des Wolfsmanagements.

Es sei in diesem Zusammenhang noch mal daran erinnert, dass im letzten Drittel des 20. Jahrhunderts im Apennin sogar Rotwild wiederangesiedelt wurde, um die Übergriffe von Wölfen auf Nutztiere zu reduzieren. Wenn wir den bisherigen Kurs in Deutschland weiterverfolgen, müssen wir uns nicht wundern, wenn Nutztierrisse in Zukunft weiterhin zunehmen werden und die Wölfe sich irgendwann sogar von Abfällen in den Städten ernähren werden.

HERDENSCHUTZ – AKTIV UND PASSIV

Der Begriff Herdenschutz bezeichnet diejenigen Maßnahmen, welche geeignet sind, große Prädatoren wie Wölfe von Übergriffen auf Weidetiere abzuhalten.

Es können dabei vier Wirkprinzipien[127] zum Einsatz gelangen:

› Hüten der Tiere und ggf. Einsatz von Herdenschutzhunden
› Schutz durch Zäune und/oder nächtliche Aufstallung
› repellente (abschreckende) und/oder vergrämende Maßnahmen
› Entnahme von Wölfen, die sich regelmäßig Herden nähern

Wir können die beiden Letztgenannten auch als aktive Herdenschutzmaßnahmen (d. h. solche, die sich aktiv gegen Wölfe richten) bezeichnen, während die beiden erstgenannten Prinzipien auch als „passive Herdenschutzmaßnahmen" bezeichnet werden. Die aktiven Herdenschutzmaßnahmen, zu denen man als fünftes Wirkprinzip auch eine Regulation des Wolfsbestandes durch nachhaltige Bejagung zählen könnte, sollen den Wolf nicht nur in einer Akutsituation von einem Übergriff auf Nutztiere abhalten. Sie haben zusätzlich das Potenzial, die Scheu der Wölfe vor Menschen und menschlichen Infrastruktureinrichtungen aufrechtzuhalten bzw. diese Scheu durch Lernprozesse wiederherzustellen.

Letzteres ist deshalb erforderlich, da ein zunehmender Kontakt von Wölfen mit dem Menschen in Situationen ohne menschliche Verfolgung zu einer größeren Toleranz dem Menschen gegenüber führt. Wir müssen also davon ausgehen, dass eine angeborene Scheu des Wolfes gegenüber Menschen, wenn sie denn besteht, durch Lernprozesse leicht zu durchbrechen ist. Mit zunehmender Vertrautheit der Wölfe kommt es offenbar selbst in Zeiten der Welpenaufzucht, der sensibelsten Phase im Leben eines Wolfes, zu einer hohen Toleranz gegenüber menschlichen Aktivitäten und einer aktiven Annäherung an menschliche Siedlungen[163].

Erst die (regelmäßige) Erfahrung eines empfindlichen Übels, sei es ein Schmerzreiz oder der Tod eines Rudelmitgliedes, setzt Lernvorgänge in Kraft, welche eine größere Scheu vor Menschen und menschlichen Strukturen erhalten oder wiederherstellen. Umgekehrt lernen Wölfe auch schnell, wenn Weidetiere nicht geschützt, sondern leicht erreichbar sind, und setzen diese Erfahrung dergestalt um, dass sie zunehmend Weidetiere erbeuten, zumal diese oftmals (Schafe und Ziegen) auch deutlich weniger wehrhaft als Wildtiere sind. Wölfe sind hochsoziale Tiere, sie sind in der Lage, derartige Erfahrungen in differenzierter Weise zu verarbeiten und an Nachkommen und andere Rudelmitglieder weiterzugeben.

Dass Herdenschutz grundsätzlich funktioniert, steht außer Frage. Herdenschutz kann aber nicht ausschließlich durch passive bzw. technische Maßnahmen (insbesondere Zäune) dauerhaft aufrechterhalten werden[127], sondern muss immer als ein Maßnahmenpaket gesehen werden, welches sich aus passiven ebenso wie aus aktiven Komponenten zusammensetzt. Bislang werden in Deutschland die passiven Komponenten überbetont, während auf aktive Komponenten bis auf wenige Ausnahmen (z. B. Elektrozäune) weitgehend verzichtet wird.

HÜTEN UND HERDENSCHUTZHUNDE

Das aktive Hüten der Schafe allein durch Hirten kann auf Wölfe eine gewisse abschreckende Wirkung entfalten, allerdings sollte man sich allein darauf nicht verlassen. Zu viele Wolfsannäherungen und Wolfsattacken, selbst in Anwesenheit der Weidetierhalter, sprechen da eine eigene Sprache. Interessant ist der Einsatz von Herdenschutzhunden. Herdenschutzhunde sind keine klassischen Hütehunde, welche dafür sorgen, dass die Herde zusammenbleibt und sich kein Schaf von dieser entfernt. Herdenschutzhunde sind demgegenüber Teil der Herde, laufen also wie ein Schaf als Teil der Herde mit und haben im Wesentlichen die Aufgabe, sich nähernde Wölfe abzuschrecken. Für Sachsen gibt es beispielsweise folgenden konkreten Hinweis[4]: „… Herdenschutzhunde müssen Angreifer melden und durch Imponiergehabe verscheuchen, sie jedoch nicht angreifen. Herdenschutzhunde verteidigen so ihre Nutztierherden gegen Gefahren eher passiv …"

Letzteres ist vermutlich im Zivilisationsraum auch angebracht. Während beispielsweise Herdenschutzhunde in anderen Regionen der Erde (Anatolien, Zentralasien, Karpaten) Wölfe aktiv angreifen und töten sollen, wäre dies hierzulande – jenseits der naturschutzrechtlichen Restriktionen – schon allein aufgrund der intensiven Freizeitnutzung der Landschaft keine Option. Angriffe auf Spaziergänger mit Hund wären vermutlich an der Tagesordnung. Daher dürfte die Regelung, wie wir sie etwa in Sachsen finden, einen guten Kompromiss darstellen. Gleichzeitig müssen wir aber bedenken, dass eher passiv agierende Herdenschutzhunde auch selbst gefährdet sind, von Wölfen getötet oder verletzt zu werden, wie die Rissstatistiken (vgl. Kapitel 8) zeigen.

Aus ökonomischer Sicht muss man wissen, dass die Haltung von Herdenschutzhunden für den Nutztierhalter eine große Herausforderung ist, sowohl vom Zeitaufwand für die Betreuung und Pflege

Abb. 56: Herdenschutzhund in den Pyrenäen (Don de Bold)

der Hunde als auch hinsichtlich der reinen Kosten, z. B. für Futter, Unterbringung, Tierarzt u. a. Entsprechende Fördermittel werden zwar in den meisten Ländern gewährt, decken letztlich aber nur einen Bruchteil des erforderlichen Aufwandes ab (s. u.).

ZÄUNE

Zäune haben seit vielen Jahrtausenden und überall auf der Welt einerseits die Funktion, Weidetiere zusammenzuhalten und eine Vermischung mit Nachbarherden oder eine Zerstreuung in der Landschaft zu verhindern. Andererseits sollen sie auch eine gewisse Barriere gegen Attacken großer Prädatoren darstellen. Als passive Elemente des Herdenschutzes sind Zäune durchaus wirksam, wenn sie gewisse Anforderungen erfüllen. Diese wurden in den ersten Jahren der Rückkehr der Wölfe zum Teil deutlich unterschätzt. Die Anforderungen wurden in vielen Bundesländern daher stetig nachgebessert. Heute können wir sagen, dass praktisch keiner der empfohlenen Zäune hundertprozentige Sicherheit vor Wolfsangriffen bietet. Allerdings sinkt das Risiko signifikant, wenn bestimmte Kriterien eingehalten werden. Empfohlen werden ausschließlich Elektrozäune, die auch eine repellente (s. u.) Wirkung entfalten.

In Sachsen werden beispielsweise Netzzäune oder solche mit mindestens fünf stromführenden Litzen und mit einer Höhe von mindestens 100 bis 120 cm empfohlen. Gegen Überspringen wird das Anbringen von Flatterband (s. u.) ca. 20 bis 30 cm über dem Zaun empfohlen. Die Spannung muss durchgehend mindestens 2500 Volt betragen. Wie schon erwähnt, kann ein Wolf, wenn er besonders hungrig oder clever oder beides ist, selbstverständlich diese Zäune überwinden. Entweder durch Überspringen, da er dabei nur den Pluspol berührt. Oder durch Untergraben, wenn die unterste Litze nicht nah genug am Boden angebracht ist. Ist sie nah genug am Boden, führt das allerdings nicht selten zu hohen Kollateralschäden an Kleintieren wie Amphibien, Reptilien, Igeln u. a., für die die genannte Spannung auch bei geringer Stromstärke tödlich sein kann. Neben den Verlusten an kleinen Wirbeltieren besteht bei Weidezäunen generell ein zweites nicht ganz zu vernachlässigendes Artenschutzproblem, die Landschaftszerschneidung.

Allerdings, auch das wissen wir mittlerweile, sind Weidetiere in bestimmten Gebieten durch Zäune *de facto* nicht zu schützen. Dies betrifft insbesondere die Küste und den alpinen Raum. An der Küste sind es mehrere Herausforderungen, welche den passiven Herdenschutz deutlich erschweren: die Topografie, insbesondere an der Nordsee die Gezeiten sowie eine ausgesprochen hohe Touristenfrequenz. Wenngleich es den einen oder anderen durchaus brauchbaren Vorschlag gibt, wie auch die Deichschafe passiv geschützt werden können[145], so ist der Aufwand für die betroffenen Tierhalter enorm und die Vorschläge sind auch keineswegs überall umsetzbar.

Auch in den Alpen sind es die Topografie, die Unzugänglichkeit der Weideflächen, die Witterungsbedingungen sowie nicht zuletzt die oftmals geringe Mineralbodenauflage, welche eine hinreichende Fixierung der Zäune verhindern. In Bayern wurden als Konsequenz aus dieser Erkenntnis erste sogenannte „nicht zumutbar schützbare Weidegebiete" ausgewiesen[3].

Unabhängig davon sind Zäune derzeit ein wichtiges Managementinstrument, um Wölfen nicht von vornherein die Erfahrung, Nutztiere seien eine leichte Beute, zu vermitteln. Zusätzlich zum Zaun sollten weitere Herdenschutzmaßnahmen zum Einsatz gelangen (s. u.).

REPELLENZ UND VERGRÄMUNG: ZWEI UNTERSCHIEDLICHE WIRKPRINZIPIEN

Repellenz (von lateinisch *repellere* „zurückjagen, abschrecken") entsteht durch einen akuten, kurzfristig einwirkenden Reiz, etwa einen Schmerzreiz, ein unangenehmes Geräusch oder eine andere unangenehme Erfahrung. Ein typisches Beispiel für Repellenz ist der bereits erwähnte Elektrozaun, d. h. ein Zaun, bei dem ein oder mehr Drähte eine ungefährliche elektrische Spannung führen. Bei Berührung verursacht diese einen Schmerzreiz.

Vergrämung wiederum bedeutet, dass ein bestimmter Ort oder eine bestimmte Situation mittel- bis langfristig als unangenehm oder bedrohlich empfunden und daher gemieden wird. Vergrämung beruht, anders als beispielsweise Zäune, nicht auf einem physischen, sondern auf einem psychischen Wirkprinzip. Unangenehme Reizsituationen, etwa Schmerz, oder auch unangenehme Erfahrungen, etwa Verlust eines Rudelmitgliedes, führen zu Lerneffekten. Somit können wiederholte Erfahrungen mit repellent wirkenden Maßnahmen langfristig zu einer vergrämenden Wirkung führen. Dennoch ist es falsch, die beiden Begriffe der Repellenz und der Vergrämung, wie dies in der Praxis oft geschieht, synonym zu gebrauchen.

Für den Wolf kennen wir allerdings bislang keine in der Praxis langfristig und zuverlässig vergrämenden repellenten Maßnahmen. Die bisherigen Untersuchungen zeigen, dass die möglicherweise wirksamen Verfahren noch einer längerfristigen Erprobung in der Praxis bedürfen[52]. Das Grundproblem ist die Gewöhnung („habituation") der Tiere an die jeweiligen Maßnahmen. Erste Erfahrungen liegen derzeit schwerpunktmäßig für Braunbären vor. Mögliche akustische (unangenehme Geräusche), optische (Lichtblitze) oder olfaktorische (unangenehme Gerüche) Repellentien wurden in der Vergangenheit in Gehegeversuchen überprüft. Für Wölfe scheinen vor allem akustische Reize eine gewisse Wirkung zu zeigen[139, 140]. Bestimmte Geräusche reichen aus, um die Aufmerksamkeit von Wölfen an Verkehrswegen zu steigern bzw. sie kurz zum Innehalten zu bewegen, wenn sich ein Fahrzeug nähert. Die Wirkung einfacher unangenehmer Geräusche wird allerdings kaum ausreichen, um einen hungrigen Wolf von einer attraktiven Beute fernzuhalten.

Häufig wird in diesem Zusammenhang auch über Ultraschall- oder Infraschallanwendungen nachgedacht. Diese stoßen allerdings schnell an technische bzw. rechtliche Grenzen. Während der kurzwellige Ultraschall kaum in hinreichender Intensität auf größeren Flächen anwendbar ist, sind der (technisch durchaus möglichen) Infraschallanwendung in Deutschland enge rechtliche Grenzen gesetzt. Eine uralte Methode der Repellenz stammt aus früheren Jahrhunderten, in denen der Wolf bejagt wurde. Damals nutzte man das sog. „Einlappen" von Flächen, um Wölfe am Verlassen dieser Flächen zu hindern. Hierzu wurden mit im Wind flatternden Lappen versehene, lange Bänder um das zu bejagende Gebiet gezogen. Dieses Prinzip lässt sich auch umkehren, und man kann Nutztierweiden mit Flatterband umgeben, um Wölfe von diesen fernzuhalten. Zusätzlich kann das Flatterband

Abb. 57: Flatterband hat eine kurzfristig abschreckende, doch keine dauerhafte Wirkung auf Wölfe.

auch mit einer stromführenden Litze versehen werden. Allerdings hält die repellente Wirkung selbst von Flatterband mit stromführendem Draht und entsprechendem Schmerzreiz (s. u.) nur einen begrenzten Zeitraum von maximal etwa zwei Monaten an[45, 122].

Schmerzreize stellen generell das Wirkprinzip von Elektrozäunen dar. Diese entstehen bei Berühren des spannungsführenden Drahtes (hohe Spannung und geringe Stromstärke). Die zugrunde liegende Vorstellung ist, dass diese Schmerzreize unmittelbar zum Zurückweichen vom Zaun und bei mehrmaliger Erfahrung zu einer generellen Meidung des Zaunes führen. Allerdings kann sich auch ein anderer, unbeabsichtiger Lerneffekt einstellen, indem die Wölfe den Zaun entweder überspringen oder unter Meidung der stromführenden Litze untergraben. Eine weitere Möglichkeit, Wölfe durch Repellenz und Vergrämung von Nutztieren fernzuhalten, sind sog. „shock collars“, spezielle Halsbänder, welche bei Annäherung an die Herde ebenfalls Schmerzreize verursachen. Diese sind durchaus wirksam[64]. Für die Praxis ist diese Methode allerdings sehr aufwendig: Aus jedem Rudel müssten mindestens das territoriale Elternpaar gefangen, mit je einem Halsband versehen und wieder freigelassen werden.

Auch zum Akkuwechsel und Service der Halsbänder müssten die Tiere regelmäßig gefangen werden. Das würde gleichzeitig die Überwachung mit einer Telemetrieeinheit voraussetzen. Die damit verbundenen Kosten würden sich voraussichtlich auf mehrere Tausend Euro pro Wolf und Jahr belaufen, abgesehen von der Stressbelastung der Tiere beim Fang. Beim aktuellen und weiter zunehmenden Bestand an Wölfen in Deutschland ist das wenig sinnvoll, die Methode somit für die Praxis hierzulande eher ungeeignet. Schließlich wird immer wieder die Möglichkeit erwähnt, mit spezieller, ursprünglich für Sicherheitskräfte entwickelter Munition, sog. „Gummischroten" oder Gummigeschossen, repellente Wirkungen zu erzielen, welche langfristig ebenfalls zu einer Vergrämung führen sollen.

Eine derartige Munition hat zunächst durch den Schmerzreiz eine unmittelbar repellente Wirkung, eine dauerhafte Vergrämungswirkung sollte möglich sein. Erfahrungen in Europa bestehen insbesondere

Abb. 58: Munition mit sog. „Gummischrot" verursacht bei richtiger Anwendung keine Verletzungen, bewirkt aber einen Schmerzreiz und wird daher gelegentlich im Rahmen des Herdenschutzes gegen große Prädatoren, etwa Braunbären, eingesetzt.

bei der Abwehr von Braunbären. Ob der Einsatz beim Wolf sinnvoll und praktikabel ist und ob beim Wolf dadurch eine langfristige Vergrämung erzielt werden kann, ist bislang eine offene Frage[177].

Die Methode hat einen großen „lerntheoretischen" Nachteil: Der Versuch einer Vergrämung mit Gummigeschossen erfolgt typischerweise an einem frischen Riss, genauer gesagt dann, wenn der Wolf zum ersten Mal an den Riss zurückkehrt. Das Tier verbindet nun vielleicht nicht die Annäherung an die Herde oder das Reißen des Nutztieres mit dem Schmerzreiz, sondern die Rückkehr an den Riss. Somit besteht die Gefahr, dass der betreffende Wolf daraus die Lehre zieht, nie wieder an ein und denselben Riss zurückzukehren. Das könnte zur Folge haben, dass in der Folge mehr Weidetiere an unterschiedlichen Orten erbeutet werden.

ENTNAHME VON WÖLFEN

Ebenfalls ein Element des aktiven Herdenschutzes ist die Entnahme von Wölfen (vgl. auch Kapitel 11). Diese kann einzelne Wolfsindividuen betreffen, welche sich häufig Weidetieren nähern oder welche bereits mehrere Risse verursacht haben. Dieses Verfahren wird derzeit etwa in Österreich in mehreren Bundesländern praktiziert. In Deutschland werden derartige Entnahmen bislang nur in sehr seltenen Ausnahmefällen bewilligt. Entnommen werden können auch ganze Rudel, wenn in einer bestimmten Region die Anwesenheit des Wolfes nicht erwünscht ist. Dies kennen wir etwa aus den Regionen Schwedens mit Rentierhaltung im Rahmen der sog. Schutzjagd[153]. Auch kann jedes Jahr in einer Region ein bestimmter Anteil des lokalen Wolfsbestandes entnommen werden, wie dies in Frankreich der Fall ist. In Estland schließlich werden Wölfe regulär und nachhaltig bejagt.

Die oben genannten Ansätze tragen direkt (Entnahme von auffälligen Einzeltieren oder Rudeln) oder indirekt (Aufrechterhaltung der Scheu vor dem Menschen) auch zum Herdenschutz bei und stellen damit auch aktive Herdenschutzmaßnahmen dar. Da die Entnahme bzw. das Töten von Wölfen allerdings auch in der Öffentlichkeit die meisten Emotionen weckt und am meisten polarisiert, soll dieses Thema im folgenden Kapitel 11 noch einmal separat behandelt werden.

KOMPENSATIONSZAHLUNGEN

Wenn Herdenschutzmaßnahmen nicht wirken bzw. wenn die derzeit zulässigen Maßnahmen nicht ausreichend sind und es zu Nutztierrissen kommt, oder wenn empfohlene Vorbeugemaßnahmen einen hohen finanziellen Aufwand erfordern, stellt sich die Frage nach Kompensationszahlungen aus öffentlichen Mitteln. Das Argument erscheint schlüssig: Naturschutz ist eine gesellschaftliche Aufgabe, und wenn die Gesellschaft bzw. deren Vertreter dem Wolf einen bestimmten Schutzstatus zuerkennen, welcher es den Tierhaltern untersagt, eigenverantwortlich ihre Probleme zu lösen, dann sollte eben diese Gesellschaft („der Staat") auch für die Schäden aufkommen. Gleiches gilt für den zusätzlichen Aufwand für Präventionsmaßnahmen, also den passiven Herdenschutz.

Vor der Unterschutzstellung des Wolfes in großen Teilen Europas mussten die Landwirte den Schutz ihrer Tiere in der Regel selbst finanzieren und erhielten keine finanzielle Unterstützung[31]. Allerdings war es ihnen meist auch erlaubt oder sie waren sogar dazu verpflichtet, attackierende Wölfe zu töten und die Probleme so zu lösen. Kompensationszahlungen sind ein klassisches Instrument des Wolfsmanagements, dienen sie doch primär der Aufrechterhaltung der Akzeptanz der betroffenen Weidetierhalter. Auf eine lange Erfahrung mit Kompensationszahlungen blicken die USA zurück. Auch hier ging der Beginn der Ausgleichszahlungen im Wesentlichen mit der Unterschutzstellung von Wölfen in einigen Bundesstaaten einher[166]. In Minnesota ist dies bereits seit 1979 der Fall[104]. In Nordamerika erfolgten derartige Zahlungen schon früh teilweise auch aus privaten bzw. Spendenmitteln, die in speziellen Fonds durch Naturschutzorganisationen bereitgestellt wurden[24, 54]. In Deutschland erhalten Weidetierhalter in allen Bundesländern, in denen Wölfe auftreten, finanzielle Unterstützung für passive Herdenschutzmaßnahmen von kleineren Nutztieren wie Schafen und Ziegen sowie für Gehegewild. Diese Förderungen werden meist mit Landesmitteln finanziert. In den meisten Bundesländern können sowohl landwirtschaftliche Betriebe als auch Kleinst- und Hobbytierhalter Förderungen beantragen. Einige Bundesländer kennen jedoch Bagatellgrenzen, unterhalb derer keine Förderung gewährt wird.

Das Problem ist die Tatsache, dass eine Förderung allein von Material für viele Tierhalter nicht ausreichend ist. Die Aufstellung und Unterhaltung von Zäunen oder die Haltung von Herdenschutzhunden erfordert einen hohen persönlichen Einsatz an Zeit, welcher durch die vorhandenen Förderprogramme meist nicht oder nur teilweise abgegolten wird. Kompensationszahlungen für Weidetierrisse wiederum sind mit recht hohen Hürden versehen. So werden vergleichsweise hohe Anforderungen an den Nachweis des Wolfes als Verursacher gestellt (s. o.), ein DNA-Nachweis ist oft obligatorisch. Darüber hinaus werden (in Abhängigkeit vom Bundesland) bestimmte passive Herdenschutzmaßnahmen (insb. Zaunhöhe, Untergrabschutz, stromführende Litzen) zur Voraussetzung für die Auszahlung einer Entschädigung gemacht.

Schließlich sind die Entschädigungszahlungen (wiederum abhängig vom Bundesland) selbst oft nach oben gedeckelt, etwa auf den Schlachtwert eines Tieres. Was passiert also, wenn wertvolle Zuchttiere oder etwa Turnierpferde Opfer von Wolfsattacken werden? In einigen Ländern erhalten lediglich professionelle Tierhalter Entschädigungen, nicht jedoch Hobbyhalter. Sicher ist der Schaden für einen Hobbyhalter nicht so sehr der finanzielle Verlust, sondern vielmehr der Schmerz und die Traumatisierung über den Tod des geliebten Tieres. Doch das sollte kein Grund sein , das Thema Entschädigung komplett auszuklammern.

Ein immer wieder strittiges Thema ist auch die Frage der Kompensationszahlungen an die Inhaber des Jagdrechts oder Jagdausübungsrechts. Dies einerseits im Falle von Rissen von Wildtieren – das Argument, hier keine Zahlungen zu leisten, ist, dass Wild ja nach deutschem Jagdrecht bis zur Erlegung herrenlos sei und daher eine solche Zahlung nicht infrage käme. Andererseits wird, wie wir oben gesehen haben, die Bejagung und Lenkung des Schalenwildes, also der wildlebenden Huftiere, oft schwieriger. Es wird daher auch schwieriger, durch gezielte Bejagung Wildschäden etwa im Wald zu vermeiden. Hier wäre in Zukunft kritisch zu hinterfragen, ob Wildschäden im Wald oder an landwirtschaftlichen Kulturen, welche letztlich kausal mit der Anwesenheit von Wölfen zusammenhängen, nicht auch finanziell kompensiert werden sollten.

ÖFFENTLICHKEITSARBEIT, MODERATION UND PARTIZIPATION

Die Ressentiments gegen den Wolf stammen in Deutschland nahezu ausschließlich aus professionellen oder semi-professionellen Kreisen. Daher sollte sich die Öffentlichkeitsarbeit zum Wolf und zum Herdenschutz auch bevorzugt an diese gesellschaftlichen Gruppen richten und ein entsprechend hohes fachliches Niveau aufweisen. Akzeptanzprobleme sind dabei oftmals weniger durch fehlendes Wissen, sondern durch klare, konkrete Interessenlagen bedingt. Aus diesem Grunde ist es wichtig, dass die Kommunikation nicht, wie regelmäßig zu beobachten, auf Beschwichtigen und Negieren der Probleme aufbaut, sondern im Rahmen von partizipativen Prozessen alle kritischen „stakeholder“ in die Problemlösung einbezieht. Keine belehrende Kommunikation ist hier gefragt, sondern klare, unideologische Information und Beteiligung an Entscheidungsprozessen „von unten nach oben“. Dem steht leider oft das bundesdeutsche Naturschutzrecht entgegen, welches derartige partizipative Prozesse praktisch nicht kennt, sondern eher im alten preußischen Geist „top-down“ aufgebaut ist.

Um in Zukunft größere Akzeptanz für den Wolf zu erhalten, sollten wir daher langfristig auch über die Integration moderierter partizipativer Prozesse in Entscheidungsfindungen im Naturschutz nachdenken. Wenn es, etwa infolge der jüngsten Entscheidung der Europäischen Union zum Schutzstatus des Wolfes (vgl. Kapitel 9), in naher Zukunft zu Veränderungen im Bundesnaturschutzgesetz kommen sollte, wäre dieser Schritt zu mehr Beteiligung der Betroffenen überfällig.

11. WÖLFE „ENTNEHMEN“ ODER BEJAGEN?

Die Frage der Entnahme von Wölfen aus ihrem Lebensraum ist in der aktuellen Diskussion über die Rückkehr der Wölfe sicher diejenige, welche die meisten Emotionen weckt und auch geeignet ist, die Diskussion sehr schnell zu polarisieren. Argumente werden nicht mehr beachtet und Menschen sehen einander sehr schnell nur noch als „Wolfsgegner“ oder „Wolfsfreunde“ oder Schlimmeres und diskriminieren sich gegenseitig als solche. Gegen das Töten von Wölfen gibt es zwei unterschiedliche Argumente, die gelegentlich aber auch miteinander verschmelzen. Das eine Argument ist ein tierethisches und bezieht sich auf das Töten eines individuellen Tieres. Dies wird von vielen Menschen grundsätzlich abgelehnt. Im Falle des Wolfes kommt hinzu, dass wir es mit einer ikonischen Tierart (vgl. Kapitel 3) zu tun haben, welche dem Menschen in vielerlei Hinsicht auch als emotionale Projektionsfläche dient.

Schließlich haben sich Menschen und Wölfe bzw. deren domestizierten Artgenossen über viele Jahrzehntausende gemeinsam und in engem Kontakt entwickelt (vgl. Kapitel 1 und 2). Auch das schafft sicher eine Art von emotionaler Nähe, die bei vielen Menschen bei der Vorstellung, dass ein Wolf getötet wird, zu vehementer Ablehnung führt. Dies ist nicht selten selbst dann der Fall, wenn man keine Probleme damit hat, tote Tiere in Gestalt des Steaks aus dem Supermarkt oder des Rehbratens vom lokalen Jäger zu essen.

Das zweite Argument gegen das Töten von Wölfen entspringt eher der Vorstellung, dass der Wolf eine seltene, in hohem Maße gefährdete Art und daher jedes Individuum für den Fortbestand der Species praktisch unabdingbar sei. Dieses Narrativ wird bis heute von Naturschutzbehörden und Naturschutzverbänden sehr intensiv bedient. Dies geschieht im Übrigen unabhängig von der jederzeit belegbaren Tatsache, dass Wölfe zu den am weitesten verbreiteten Säugetieren auf der Nordhalbkugel gehören, dass die eurasischen Subpopulationen zum größten Teil nicht gefährdet sind und dass selbst in den Regionen, in denen der Wolf verschwunden war, die Populationsdynamik zu einer ausgesprochen schnellen Wiederbesiedlung führt, sodass wir derzeit von einem guten Erhaltungszustand im Sinne der FFH-Richtlinie ausgehen können. Vermutlich ist der Wolf in Deutschland weniger gefährdet als der Rothirsch, doch wird dies in der Diskussion – bewusst oder unbewusst – ignoriert. Auf der anderen Seite des Meinungsspektrums erkennen wir Menschen, welche als Tierhalter, sei es professionell oder in der Freizeit, in Sorge um ihre Tiere, etwa Schafe, Ziegen, Rinder oder Pferde leben und durch die steigende Zahl von Wolfsattacken auf Nutztiere alarmiert sind.

Auch hier spielt ein tierethisches Argument eine Rolle: Wolfsrisse bei Weidetieren bedeuten nicht allein getötete Tiere. Oft finden die Tierhalter nach Stunden oder Tagen schwer verletzte und teilweise bei lebendigem Leib angefressene Tiere. Zu diesen Tieren besteht darüber hinaus nicht selten noch eine persönliche Bindung, sodass solche Bilder auch zu einer psychischen Traumatisierung der betroffenen Tierhalter und/oder deren Familienangehörigen führen können.

Ein weiteres Argument derjenigen Menschen, die am liebsten keine oder nur wenige Wölfe in der Kulturlandschaft dulden würden, ist der hohe Aufwand, finanziell und in Arbeitszeit bemessen, welchen die präventiven Maßnahmen des Herdenschutzes mit sich bringen. Dazu muss man wissen, dass die Haltung kleiner Huftiere in vielen

Regionen Deutschlands heute nur noch minimale Erträge abwirft und so mancher Schäfer schon allein deshalb „Unternehmer“ sein muss, weil sein Einkommen deutlich unterhalb der Mindestlohngrenze liegt (vgl. Kapitel 8). Diese Menschen sehen im Auftreten des Wolfes nicht selten eine ganz konkrete Bedrohung ihrer wirtschaftlichen und sozialen Existenz. Bei vielen Menschen, das zeigen auch die Diskussionen in den sozialen Medien, ist eine sachliche, argumentativ gestützte und faktenbasierte Diskussion mittlerweile unmöglich geworden. Sehen wir das in einem größeren Zusammenhang, so fügt sich dieses Phänomen ganz offensichtlich in eine zunehmende Diskursunfähigkeit unserer Gesellschaft. Andere, viel größere und letztlich auch bedeutendere gesellschaftliche Themen, sei es die Coronapandemie, der Klimawandel oder der Konflikt in der Ukraine, zeigten und zeigen ein ganz ähnliches Bild.

LETALE ODER NICHT-LETALE ENTNAHME?

Vor dem Hintergrund der polarisierten öffentlichen Diskussion sehen wir auch eine schleichende Veränderung der Wortwahl. So sprechen wir gerne von „Entnahme“, „letaler Entnahme“, „Regulation“ oder sogar „letaler Vergrämung“ (sic!), wenn das Töten gemeint ist. Allerdings müssen wir uns an dieser Stelle noch einmal mit dem Begriff der Entnahme auseinandersetzen. Man könnte nämlich Wölfe durchaus auch „nicht-letal“ der Natur entnehmen, indem man sie nämlich fängt, mit Medikamenten immobilisiert oder sediert und dann anderweitig wieder freisetzt oder in ein Gehege verfrachtet.

Bleiben wir gleich beim letztgenannten Punkt: Vielen Menschen ist die (romantische) Vorstellung, dass ein „entnommener“ Wolf im Zoo vermeintlich zufrieden weiterleben kann, viel sympathischer, als dass er getötet wird. Sie sind sich nicht darüber im Klaren, dass man einem Wildtier kaum eine größere Grausamkeit antun kann, als es für den Rest seines Lebens in ein Gehege zu sperren. Tiere, die etwa im Zoo geboren wurden, kennen keine andere Umgebung und tolerieren diese daher. Ein Tier, welches ehemals in Freiheit lebte, wird sein Leben lang unter der Höchststrafe „Gefangenschaft" leiden. Dieses Tier zu töten, ist deutlich „humaner", als es einzusperren.

Auf den ersten Blick interessant erscheint eine andere Möglichkeit: Man könnte einzelne Wölfe, die gesund sind und lediglich unerwünschte Verhaltensweisen zeigen, fangen und anderweitig wieder ansiedeln, etwa in großen Schutzgebieten, wo vielleicht ein andersgeschlechtlicher Partner fehlt. Sicher wären das aber Ausnahmefälle, sodass die nicht-letale Entnahme als Managementinstrument in Deutschland praktisch kaum infrage kommt. Damit sind wir bei der Frage der letalen Entnahme. Diese steht, darüber sind sich nahezu alle erfahrenen Wissenschaftler schon seit Langem einig, grundsätzlich nicht im Gegensatz zum Erhalt einer lebensfähigen Wolfspopulation und deren Ausbreitung in neue, bislang noch nicht besiedelte Gebiete. Sie steht auch nicht im Gegensatz zur Aufrechterhaltung eines günstigen Erhaltungszustandes gemäß der FFH-Richtlinie der Europäischen Union.

Unter den großen Prädatoren Bär, Wolf und Luchs sind Wölfe diejenigen, die man im Vergleich als relative „r-Strategen" bezeichnen kann. Diese zeichnen sich in der Natur durch eine vergleichsweise hohe Geburten-, aber auch durch eine hohe Sterberate aus. Letztere findet sich auch in Populationen bzw. Regionen, in denen keinerlei menschliche Eingriffe stattfinden[109]. Diese hohe Sterberate führt auch dazu, dass bestimmte Mortalitätsfaktoren nicht additiv, sondern kompensatorisch sind (vgl. Kapitel 9), d. h. vereinfacht ausgedrückt, dass sich Todesursachen gegenseitig ausgleichen können. Man kann sich das so vorstellen, dass etwa im Straßenverkehr getötete oder vom Menschen entnommene Wölfe dazu führen, dass andere Todesursachen, z. B. Krankheiten oder innerartliche Konflikte, in der Population zurückgehen und sich die Gesamtmortalität in etwa die Waage hält. Dies funktioniert selbstverständlich nur bis zu einem gewissen Punkt. Wird dieser überschritten, wird die Mortalität dann additiv. Daher sollten Entnahmen durch den Menschen ausschließlich nach strengen Nachhaltigkeitskriterien[71] erfolgen.

David Mech, einer der renommiertesten Wolfsforscher weltweit, merkt beispielsweise an, dass die Wolfsbestände überall dort, wo es zu einer Wiederbesiedlung durch den Wolf kommt, durch den Menschen kontrolliert werden müssen[108]. Die „Large Carnivore Initiative for Europe", eine Expertengruppe der internationalen Naturschutzorganisation IUCN, stellt in den Empfehlungen für den Umgang mit großen Raubtieren eindeutig fest, dass die Bejagung oder Tötung „in vielen, aber natürlich nicht allen Regionen und Situationen mit ihrer Erhaltung vereinbar sein kann. Es ist wichtig, daran zu erinnern, dass Großraubtiererhaltung nicht notwendig strikten Schutz bedeutet"[97].

Hinsichtlich der letalen Entnahme von Wölfen können wir zwei grundsätzlich unterschiedliche Ansätze unterscheiden, welche auch hinsichtlich ihrer langfristigen Auswirkungen unterschiedlich zu bewerten sind, nämlich

› die Entnahme einzelner Wolfsindividuen oder auch die lokal und zeitlich begrenzte präventive Entnahme mehrerer Wolfsindividuen,
› die regelmäßige Entnahme einer größeren Zahl an Individuen.

Beide Ansätze wollen wir nachstehend einmal genauer hinsichtlich der speziellen Ziele und der Auswirkungen auf den Wolfsbestand und das Wolfsverhalten beleuchten.

ENTNAHME EINZELNER WOLFSINDIVIDUEN

Der typische Fall hinsichtlich der Entnahme einzelner Wolfsindividuen war im deutschsprachigen Raum in der Vergangenheit vor allem derjenige des sogenannten „Problemwolfes", je nach Land und Managementplan auch als „verhaltensauffälliger Wolf", „Schadwolf" o. Ä. bezeichnet.

Gibt es den „Problemwolf"?

Problemwölfe, verhaltensauffällige Wölfe, Schadwölfe oder wie sie in den jeweiligen lokalen Managementplänen heißen, definieren sich aus einer menschlichen Sicht: Man versteht darunter Individuen, welche sich Menschen oder menschlichen Behausungen, aber auch Weidetieren in außergewöhnlicher Weise annähern oder mehrfach durch Nutztierrisse aufgefallen sind.

Dabei spielt der Grund für das aus menschlicher Sicht auffällige Verhalten zunächst keine Rolle: Unter diesen Oberbegriffen werden einerseits solche Wölfe subsumiert, welche einfach nur schneller als andere Individuen gelernt haben, dass es in der Nähe des Menschen leicht und recht gefahrlos möglich ist, Nahrung zu erbeuten. Zum anderen gibt es auch Wölfe, welche aufgrund eines Handicaps, etwa einer Verletzung, nur überleben können, wenn sie ihre Nahrung im menschlichen Umfeld vergleichsweise einfach finden. Schließlich können auch Wölfe, die durch Krankheiten geschwächt (z. B. Räude) oder aufgrund zentralnervöser Symptome (Aujetskysche Krankheit, Tollwut) gestört sind, im unmittelbaren Umfeld des Menschen auftauchen.

„Echte" Problemwölfe sind zunächst einmal nur die beiden letztgenannten Kategorien. Erstgenannte Individuen zeigen ein Verhalten, welches der Futterzahmheit (vgl. Kapitel 2) recht nahekommt. Diese sollten weniger häufig auftreten, sobald Wölfe den Menschen wieder als Gefahr kennen und respektieren lernen.

In Deutschland bestand bei der Entnahme verhaltensauffälliger Wölfe lange das Problem, dass die Naturschutzbehörden die Genehmigung ausschließlich zur Entnahme eines bestimmten Individuums erteilten. Die Folge war, dass in den vergangenen 25 Jahren lediglich eine niedrige zweistellige Anzahl an Wölfen entnommen werden konnten (vgl. Kapitel 9). In anderen Ländern wie in Österreich oder der Schweiz bedarf es bei einer Entnahme meist nicht des Nachweises eines konkreten Individuums, daher sind hier derartige Eingriffe unkomplizierter und auch effizienter möglich. In verschiedenen österreichischen Bundesländern wird ein Wolf innerhalb eines bestimmten Radius um das Schadgeschehen entnommen. Treten dann keine Übergriffe mehr auf, erfolgen keine weiteren Entnahmen. Falls doch, kann ein weiterer Wolf entnommen werden.

Ein grundlegend anderer Ansatz der Entnahme von Einzelindividuen ist aus der Schweiz bekannt. Dort können auch Jungwölfe aus einem bestehenden Rudel entnommen werden, um durch diesen für die Population unproblematischen Eingriff die Elterntiere zu veranlassen, wieder eine größere Scheu vor dem Menschen zu entwickeln. Entnahmen einzelner Wölfe aus einem Rudel sind für die Gesamtpopulation völlig unproblematisch, und dies gilt in der Regel auch für das betroffene Rudel als Ganzes, solange nicht eines der beiden territorialen Elterntiere betroffen ist. In diesem Fall besteht allerdings die Gefahr, dass sich das Rudel auflöst.

UMGANG MIT HYBRIDEN

Ein ebenfalls immer wieder auftauchendes Problem ist die Hybridisation zwischen Wolf und Haushund. Auch wenn in jedem Hund sehr viel Wolf steckt und in jedem Wolf auch ein klein wenig Hund,

Abb. 59: So unterschiedlich können Hybriden der ersten Generation (F1) zwischen Wolf und Hund aussehen: links Hybrid zwischen Wolf und Spaniel, rechts ein solcher zwischen Wolf und Sibirischer Laika (Maris Hindrikson et al.).

so stellt sich doch die Frage, wie wir mit Hybriden der ersten oder zweiten Generation umgehen sollen.

Aus biologisch-ökologischer Sicht stellt eine solche Hybridbildung kein Problem dar, Wolf und Hund sind Unterarten ein und derselben biologischen Art. Ihre Lebensraumnutzung und ihr Sozialverhalten dürfte sich nicht wesentlich unterscheiden. Problematisch könnten Hybride allerdings aus Gründen der Sicherheit werden. Es gibt Hinweise, dass diese ihre Scheu möglicherweise schneller als reine Wölfe verlieren oder dem Menschen gegenüber aggressiver sein können[144].

In Deutschland können Hybriden zwischen Wolf und Hund gemäß § 45a Bundesnaturschutzgesetz (vgl. Kapitel 9) entnommen werden. Die nähere Spezifikation der Hybridgeneration fehlt allerdings im Gesetzestext. Aufgrund der aktuell im Vergleich zum Gesamtbestand der Wölfe geringen Zahl von Hybriden hat deren Entnahme keiner populationsdynamischen Konsequenzen und würde sich im Rahmen der kompensatorischen Mortalität der Population (s. o.), vermutlich sogar des lokalen Bestandes bewegen.

LOKALE ENTNAHME MEHRERER WÖLFE

Die lokale Entnahme nicht eines einzelnen Wolfes, sondern einer größeren Zahl von Individuen, z. B. eines Rudels, kennen wir etwa aus Schweden. Dort ist es möglich, in den Rentiergebieten im Rahmen der sog. „Schutzjagd" – damit sind Entnahmen gemeint, die unabhängig von einer Jagdquote (s. u.) erfolgen und dem lokalen oder regionalen aktiven Herdenschutz von Weidetieren dienen. Die Schutzjagd beruht auf dem § 7 des schwedischen Jagdgesetzes, welcher es ermöglicht, durch amtlich bestellte oder private Jäger über verhaltensauffällige Einzelindividuen hinaus auch lokal oder regional konzentriert mehrere Wölfe zu entnehmen.

Entsprechende Konzepte gibt es lokal auch in der Schweiz. Das Prinzip beschreibt ein leitender schweizerischer Wildbiologe bereits vor nahezu einem Jahrzehnt folgendermaßen: „Wo in einer Region künftig Wolfsrudel umherstreifen und diese trotz zumutbarer Schutzmaßnahmen Schäden an Nutztieren anrichten oder die Gefährdung der öffentlichen Sicherheit droht, müssen Wolfsabschüsse möglich sein, und zwar bevor Konfliktsituationen eskalieren, d. h. nicht erst, nachdem eine bestimmte Schadenshöhe erreicht oder eine Gefahr für den Menschen eingetreten ist[154]." Gegenüber der Entnahme individueller Wölfe hat diese Vorgehensweise den Vorteil, dass einerseits für die handelnden Personen Rechtssicherheit geschaffen wird und so oftmals eine Entnahme überhaupt zustande kommt. Darüber hinaus kann sich auf diese Weise lokal ein gewisser Jagddruck aufbauen, d. h., das lokale Wolfsrudel erfährt akut die vom Menschen ausgehende Gefahr, sodass hier bereits ein Lerneffekt denkbar ist, der die Tiere in Zukunft veranlasst, sich vom Menschen eher fernzuhalten. Wissenschaftliche Belege für eine solche kleinräumige Wirksamkeit von Entnahmen existieren bislang allerdings noch nicht.

GROSSRÄUMIGE ENTNAHME EINER GRÖSSEREN ZAHL AN WÖLFEN

Über den lokalen Ansatz hinaus gibt es in Frankreich ein ähnliches, aber umfangreicheres Konzept, welches durch den französischen Wolfsmanagementplan von 2018 erstmals festgelegt[6] und im Jahre 2024 fortgeschrieben wurde[7]. Es wurde ein Monitoring der Wölfe eingerichtet, bei dem zweimal jährlich der lokale Bestand erfasst wurde. Ursprünglich sollten etwa 10 Prozent des Bestandes jährlich entnommen werden, später wurde dieser Anteil immer weiter bis auf rund 20 Prozent gesteigert. In den vergangenen Jahren wurden rund 200 Wölfe jährlich im Wesentlichen durch Mitarbeiter des zuständigen Ministeriums, unterstützt durch private Jäger, entnommen, wobei der lokale Bestand in den alpinen Regionen mit umfangreicher Weidetierhaltung stabil blieb oder auch weiter anstieg.

Das französische Beispiel zeigt, dass man sehr wohl auch unter den Rahmenbedingungen des strengen Schutzes gemäß Anhang IV der FFH-Richtlinie (vgl. Kapitel 9) recht intensiv und flächig in den Wolfsbestand eingreifen kann. Die nach den Vorgaben des französischen Managementplanes entnommenen Wölfe sind *de jure* Entnahmen im Sinne von Ausnahmen vom strengen Schutz der FFH-Richtlinie. *De facto* handelt es sich um eine mehr oder weniger nachhaltige Form der Bejagung. Es zeigt sich an diesem Beispiel sehr deutlich, dass Wölfe ausgesprochen robust auf selbst jährlich steigende Entnahmen reagieren und der Bestand dadurch keineswegs geringer geworden ist, sondern eher noch zugenommen hat.

REGULÄRE NACHHALTIGE BEJAGUNG

Das bringt uns zum nächsten Thema, der Frage, ob bzw. unter welchen Rahmenbedingungen Wölfe in Zukunft nachhaltig bejagt werden können. Dazu ist zunächst wichtig zu wissen, dass die nachhaltige Nutzung von Wildtieren ein international von der IUCN (Konferenz von Amman im Jahre 2000) anerkanntes Instrument des Artenschutzes darstellt. Inwieweit sie auch als ein Instrument des Wolfsmanagements eingesetzt werden kann, soll hier kurz dargestellt werden.

Dass die reguläre Bejagung von Wölfen in der Praxis in Europa auch funktioniert, zeigen uns Länder wie Schweden oder die baltischen Staaten. Während Schweden neben der oben erwähnten „Schutzjagd" (gemeint ist mit dem Begriff „Jagd zum Herdenschutz") das Ziel verfolgt, Übergriffe von Wölfen auf Weidetiere lokal zu verhindern oder zumindest zu minimieren, dient die sog. „Quotenjagd" der Regulation des Wolfsbestandes an sich. Der Begriff „Quotenjagd" bedeutet, dass in Abhängigkeit vom jeweiligen Wolfsbestand ein kleiner Teil davon, die sog. „Jagdquote", zur Bejagung freigegeben wird. Ist diese ausgeschöpft, wird die Jagd eingestellt.

In Estland beispielsweise verhält es sich ähnlich. Hier war der Wolf allerdings, anders als in Schweden, nie verschwunden, sondern wurde seit jeher bejagt. Mittlerweile existiert dort ein sehr gut funktionierendes System. Jährlich wird derzeit geschätzt etwa ein Drittel des Zuwachses durch Bejagung entnommen, der Bestand hält sich stabil zwischen etwa 200 und 300 Individuen.

Nachdem im Koalitionsvertrag der aktuellen Bundesregierung vereinbart wurde, den Wolf in Deutschland in das Jagdrecht zu übernehmen, stellt sich für uns die Frage, ob das Modell Schwedens oder der baltischen Staaten, insbesondere Estlands, auf Mitteleuropa bzw. Deutschland übertragbar ist.

Dazu müssen wir uns zunächst einmal das zugrunde liegende Jagdsystem ansehen. In Deutschland (und z. B. auch Österreich oder Teilen der Schweiz) ist das Jagdrecht an Grund und Boden gebunden und wird in einem sog. „Reviersystem“ umgesetzt. Der Revierinhaber (Grundeigentümer oder Pächter) ist für den Schutz und die Nutzung der jagdbaren Arten verantwortlich, die Jagdgesetze sind vom Grunde her Artenschutzgesetze. Über die Pflicht zur Hege (diese umfasst sämtliche Artenschutzmaßnahmen) ist der Revierinhaber für die bei ihm vorkommenden jagdbaren Arten verantwortlich.

„Jagdbar“ bedeutet allerdings nicht, dass sie auch bejagt werden dürfen. Viele Arten haben eine ganzjährige Schonzeit. Spätestens an dieser Stelle zeigt sich, dass das Jagdrecht letztlich sogar einen besseren Schutz als das Naturschutzrecht bietet: Eine ganzjährige Schonzeit gewährleistet, dass Tiere nicht der Natur entnommen werden dürfen, die Pflicht zur Hege legt die Aufwendungen und Kosten für den Schutz der jeweiligen Art in die Hände der Grundeigentümers bzw. Jagdpächter. Wir haben es *de facto* mit einer ausgesprochen effizienten Privatisierung des Artenschutzes zu tun.

Und so, wie in unserer Gesellschaft viele Dinge besser laufen, wenn sie nicht in den Händen des Staates liegen (man denke nur an die Bahn oder die Rentenversicherung), so gilt das wohl auch für den Artenschutz: Wie oben bereits erwähnt, ist, seit in den 1920er-Jahren erste umfangreiche Jagdgesetze erlassen wurden, keine Tierart, welche dem Jagdrecht unterliegt, in Deutschland ausgestorben. Wir sehen also, dass eine Unterstellung des Wolfes unter das Jagdrecht für den günstigen Erhaltungszustand der Population kein Problem wäre, im Gegenteil.

Die nächste Frage ist, wie ein Wolfsmanagement im Rahmen des Jagdrechts in der Praxis aussehen könnte. Da wäre zunächst die formalrechtliche Frage: Um den Koalitionsvertrag sinnvoll umzusetzen, müsste in einem ersten Schritt der Wolf komplett als Art aus dem

Bundesnaturschutzgesetz herausgenommen und in das Bundesjagdgesetz überführt werden. Eine Unterstellung unter beide Rechtsgebiete, wie dies derzeit in einigen Ländern (z. B. Sachsen oder Niedersachsen) der Fall ist, wäre nicht zielführend bzw. sogar kontraproduktiv (vgl. Kapitel 9). Diese Konstellation führt lediglich zu mehr Bürokratie, ohne dem Wolf oder den Tierhaltern wirklich zu helfen.

Wenn der Schritt einer Überführung in das Bundesjagdgesetz gelänge, würde der Wolf mit einer ganzjährigen Schonzeit in der Verordnung über die Jagd- und Schonzeiten versehen. Einzelentnahmen sind unter diesen Bedingungen dennoch möglich, da die Jagdbehörden in begründeten Ausnahmefällen diese auch bewilligen können. Wir sehen, bis zu diesem Punkt ändert sich für die Praxis des Schutzes der Wölfe nicht wirklich etwas, es sind lediglich andere Behörden zuständig.

Parallel zu diesen Entwicklungen müsste eine intensive Aus- und Weiterbildung der Jäger zum Thema Wolf erfolgen, gleichzeitig müssten umfangreiche Kenntnisse zur Biologie, Ökologie und zum Schutz des Wolfes auch in die Jägerprüfungsordnungen aufgenommen werden. Das alles würde voraussichtlich zwei bis drei Jahre dauern, wenn wir jetzt damit begännen. Sollte sich dann herausstellen, dass in denjenigen Bundesländern mit einem hohen Wolfsbestand dieser weiter anwächst und/oder sich in urbane Verflechtungsräume oder in Regionen ausbreitet, in denen ein passiver Herdenschutz durch Zäune nicht oder nur sehr eingeschränkt möglich ist, könnte hier mit der flächendeckenden Bejagung begonnen werden. Festzulegen wären zuvor die Nachhaltigkeitskriterien: Welcher Teil des Bestandes soll entnommen werden, welche Jahreszeit ist zur Bejagung günstig, welche Individuen sind zu erlegen, welche zu schonen und welche Jagdarten sind geeignet.

Einige Beispiele: Für eine Bejagung im Herbst spräche hier die noch vorhandene Unterscheidbarkeit der diesjährigen Jungwölfe, für den Winter die Tatsache, dass die Sozialverbände dann eher gemeinsam unterwegs sind („nomadische Phase“) und die sozialen Strukturen besser ansprechbar sind. Grundsätzlich sollten Wölfe dann auch auf der Einzeljagd erlegt werden, keinesfalls auf Drückjagden. Wenn wir dem Beispiel Frankreichs folgen, könnte dies zunächst ein Anteil von 10 bis 15 Prozent des Bestandes pro Jahr sein, das läge deutlich unter dem jährlichen Zuwachs und könnte bei Bedarf gesteigert oder auch wieder abgesenkt werden.

Nun könnte man fragen, warum man diesen Aufwand betreiben muss und nicht gleich das französiche Modell übernimmt, welches, wie wir gesehen haben, ja faktisch einer Bejagung entspricht. Dazu wäre eine Überführung ins Jagdrecht nicht erforderlich, die Entnahmen könnten unter den Rahmenbedingungen des Naturschutzrechts erfolgen.

Grundsätzlich und rein technisch wäre das ebenfalls eine Option. Probleme würde allerdings die Bindung des Jagdrechts an Grund und Boden in Deutschland, einhergehend mit dem Reviersystem, machen. Nämlich dann, wenn der jeweilige Jagdrechtsinhaber oder Revierpächter sich nicht an der Entnahme von Wölfen beteiligen möchte und deshalb staatliche „Wolfsjäger“ zusätzlich in der Fläche auftauchen. Der Abstimmungsaufwand, um gegenseitige Störungen und Sicherheitsrisiken zu vermeiden, wäre enorm. Wir erleben gerade in anderem Zusammenhang, welches Chaos und welche Sicherheitsrisiken die staatlich beauftragten Unternehmen zur Reduktion des Schwarzwildbestandes in Gebieten mit der Afrikanischen Schweinepest verursachen.

Zusammenfassend können wir festhalten, dass eine – derzeit politisch gewollte – Übernahme des Wolfes in das Jagdrecht und spätere Bejagung keineswegs so trivial ist, wie sich mancher das vorstellen mag. Sie setzt einen umfangreichen, strukturierten mehrjährigen Prozess von der Gesetzesänderung bis zur Ausbildung der

Jäger und schließlich der Umsetzung voraus. Gegenüber einem Verbleib des Wolfes im Naturschutzrecht ist es aber vermutlich die praktikablere und unbürokratischere Alternative. Inwieweit eine Regelung auf Ebene der Bundesländer hier schneller zu einem umsetzbaren Konzept führt, wäre abzuwarten.

Die aktuelle Meldung des Erhaltungszustandes des Wolfes durch das Bundesumweltministerium an die EU als teilweise „günstig“ und teilweise „unbekannt“ beruht zwar auf veralteten, teils drei Jahre alten Daten und folgt mit der Trennung nach sog. biogeografischen Regionen einer fachlich nicht haltbaren Einteilung. Dennoch ist diese Meldung ein klarer Schritt in Richtung einer regulären Bejagung des Wolfes in Deutschland.

Zwei wesentliche Ziele können durch die Bejagung erreicht werden: zum einen die Regulation und/oder die Vergrämung lokaler Wolfsvorkommen, etwa im Hochgebirge oder an der Küste, wo ein passiver Herdenschutz nur eingeschränkt oder gar nicht möglich ist. Zum anderen dürfte eine reguläre Bejagung schnell dazu führen, dass Wölfe wieder Scheu vor Menschen und im Idealfall auch vor menschlichen Einrichtungen entwickeln und diese auch an folgende Generationen weitergeben.

AKZEPTANZBESTAND

Der Begriff des Akzeptanzbestandes wurde in den vergangenen Jahren immer wieder in die Diskussion um das Wolfsmanagement eingebracht[27]. Während das klassische Bestandsmonitoring (vgl. Kapitel 10) sich mit der zahlenmäßigen Erfassung der Wölfe in einer bestimmten Region beschäftigt, sollte ein wissenschaftlich begründetes Akzeptanzmonitoring einen Eindruck davon vermitteln, ob ein regionaler Bestand an Toleranzgrenzen der Menschen, seien es

Weidetierhalter oder Bewohner urbaner Verflechtungsräume, gelangt. Aus diesem sollte sich letztlich ein Akzeptanzbestand, also ein lokaler Bestand ergeben, der von den lokalen beteiligen Menschen ohne überbordende Konflikte akzeptiert oder zumindest toleriert wird.

Bislang fehlen für die zuverlässige Ermittlung eines solchen Akzeptanzbestandes noch die erforderlichen Instrumente. In der Vergangenheit hat die Forschungsförderung aus den einschlägigen Ministerien sich eher auf passiven Herdenschutz konzentriert und andere Forschungsgebiete, insbesondere solche, welche im Kontext von Entnahmen stehen, deutlich vernachlässigt. Aufgrund der geänderten Rechtslage ist es jedoch in den nächsten ein bis zwei Jahren dringend erforderlich, die entsprechenden Instrumente, d.h. insbesondere aussagefähige Befragungsmodelle, zu entwickeln und zum Einsatz zu bringen.

WILDÖKOLOGISCHE RAUMPLANUNG

Wie wir oben (vgl. Kapitel 8) gesehen haben, gibt es in Mitteleuropa ganze Regionen, in denen die Dichte wildlebender Huftiere suboptimal aus Sicht der zurückkehrenden Wölfe ist, andere Regionen weisen hinreichend hohe Bestände an Rehen, Hirschen und Wildschweinen auf. Aber auch die Populationsdichten des Wolfes sind in unterschiedlichen Regionen Mitteleuropas sehr unterschiedlich. Neben weiten Teilen Sachsens, Sachsen-Anhalts, Brandenburgs und Niedersachsens gibt es auch Regionen mit bislang eher wenig Wölfen, insbesondere Bayern und Baden-Württemberg gehören dazu. Vermutlich hängt beides unmittelbar zusammen.

Wie oben bereits erwähnt, gibt es zusätzlich die menschliche Perspektive: So finden sich aber auch Landschaften, die insgesamt weniger, und andere, die problemlos höhere Wolfsbestände verkraften. Eine wildökologische Raumplanung[142] wäre ein geeignetes Instrument, auf der Ebene z. B. von Bundesländern, aber auch kleinflächiger, die Tragbarkeit des Lebensraumes aus ökologischer ebenso wie aus sozio-ökonomischer Sicht zu bewerten, Prädatoren- und Beutedichten aufeinander abzustimmen und so eine regional differenzierte Vorgehensweise im Wolfsmanagement zu etablieren. Diese sollte geeignet sein, für die zurückkehrenden Wölfe möglichst optimale Lebensraumbedingungen zu schaffen und gleichzeitig den menschlichen Ansprüchen gerecht zu werden. Für große Huftiere, etwa Rot- oder Gamswild, aber auch andere Wildarten hat sich dieser Ansatz in einigen österreichischen Bundesländern bereits bewährt. Die großen Prädatoren wie den Wolf in solch ein Konzept einzubeziehen, bietet sich an.

PLÖTZLICH EINE NEUE HERAUSFORDERUNG: DER GOLDSCHAKAL

Aktuell macht die Zuwanderung des Goldschakals (vgl. Abb. 60) auch nach Deutschland nicht nur von sich reden, sondern bringt auch erste gravierende Konflikte mit sich.

So riss ein Goldschakal auf Sylt[92] im Sommer 2025 innerhalb kurzer Zeit rund 100 Schafe. Aufgrund unterschiedlicher Auffassungen zur Rechtslage wurde die ursprünglich erteilte naturschutzrechtliche Ausnahmegenehmigung zur Entnahme gerichtlich widerrufen. Der weitere Verbleib des Tieres ist unklar. Der Goldschakal ist ebenso wie der amerikanische Kojote ein sehr naher Verwandter des Wolfes[81]. Aufgrund der relativ klaren morphologischen Differenzierung wurde der Goldschakal bisher als eine eigene Art betrachtet. Aufgrund verschiedener Hinweise auf Hybridbildung mit Hunden[56] und auch mit Wölfen[82], müssen wir allerdings davon ausgehen, dass

Abb. 60: Der Goldschakal wandert zusehends in Mittel- und Westeuropa zu und sollte in künftigen Managementkonzepten berücksichtigt werden. (Jan Ebr & Ivana Ebrová)

der Goldschakal möglicherweise keine eigene biologische Art bildet, sondern letztlich auch nur eine Subspecies einer Großart *Canis lupus* darstellt[70].

Sein Hauptverbreitungsgebiet erstreckt sich über Südosteuropa, Afrika einschließlich der arabischen Halbinsel, den Kaukasus, Kleinasien und weiter nach Osten bis Indien. Seit einigen Jahrzehnten beobachten wir eine zunehmende Ausbreitung der Art in Richtung Norden und Nordwesten. Der balkanisch-dinarische Raum ist ebenso wie das pannonische Becken vom Goldschakal besiedelt. Aus Österreich, Slowenien, Italien und neuerdings auch Deutschland (Baden-Württemberg und Niedersachsen) gibt es Reproduktionsnachweise. Goldschakale sind also in Deutschland nicht heimisch, wandern selbstständig zu und sind bislang unter Naturschutzrecht geschützt.

Für Deutschland stellt sich nun ganz aktuell einerseits die Frage, ob wir es beim Goldschakal mit einer sog. invasiven Art zu tun haben, d. h. einer solchen, welche nicht heimisch ist und durch das Eindringen in Ökosysteme, welche bislang nicht an diese Art angepasst sind, diese Ökosysteme schädigen kann. Dann müsste der Schutzstatus voraussichtlich deutlich geändert werden. Rechtliche Unsicherheit herrscht allerdings bei der Frage, ob eine von selbst zuwandernde Art als invasiv eingestuft werden kann. Ein weiteres Problem, welches zeitnah einer Lösung bedarf, ist die Klärung der Frage, wie häufig Hybridbildungen mit Haushunden und mit Wölfen auftreten. Schließlich kommt wieder der günstige Erhaltungszustand ins Spiel. Konkret stellt sich die Frage: Ist der Erhaltungszustand bei einer Art, die hierzulande noch nie vorhanden war und jetzt erstmals und zunehmend auftritt, grundsätzlich als günstig anzunehmen? All diese Überlegungen wären dann im Rahmen der dringend erforderlichen neuen Regelungen zum Umgang mit dieser Species zu berücksichtigen.

12. WOLF - WIE WEITER?

Wer dieses Buch über den Wolf aufmerksam gelesen hat, wird verstehen, warum keine andere Wildtierart, zumindest in Mitteleuropa, in der Lage ist, Menschen so sehr emotional zu berühren, aber auch zu polarisieren und zu ideologisieren wie der Wolf. Je nachdem, wie intensiv sich Menschen bislang mit dieser Tierart beschäftigt haben, wie naturnah oder naturfern sie sozialisiert wurden oder wie sehr sie selbst von der Rückkehr des Wolfes betroffen sind, gelangen diese zu sehr unterschiedlichen, meist konträren Positionen. Menschen entwickeln sich zu „Wolfsgegnern" oder „Wolfsbefürwortern". Erstere verortet man klischeehaft eher im ländlichen Raum und im rechten Bereich des politischen Spektrums, während Letztere, den medialen Narrativen folgend, mehr den urbanen, eher linken Milieus entstammen.

Diejenigen, welche im Wolf einfach nur ein interessantes, aber letztlich ganz normales Wildtier sehen, welches eines professionellen Managements bedarf, bilden vermutlich eine schweigende Mehrheit in der Bevölkerung, werden als solche aber in der medialen Welt kaum wahrgenommen. Der Wolf ist also nicht nur zur Projektionsfläche ganz persönlicher Sorgen oder Ängste, Sehnsüchte und Ideale, sondern auch gesellschaftlicher Positionen geworden. Die Einstellung zu dieser Wildtierart ist letztlich ein Spiegelbild unserer sich zusehends polarisierenden und zunehmend intoleranten Gesellschaft – der Wolf wurde in Deutschland und weiten Teilen Mitteleuropas zu einer politischen Tierart.

In dieser Situation fällt es nicht unbedingt leicht, ein umfassendes Wildtiermanagement auf der Grundlage einer naturwissenschaftlich begründbaren „guten fachlichen Praxis“ zu etablieren. In den vergangenen 25 Jahren ist dies auch nicht gelungen. Das „Management“ beschränkt sich bis heute nahezu ausschließlich auf eine „Wait-and-See“-Strategie, d. h., passives Zuwarten und Beobachten der Situation[69]. Aktive Eingriffe in den Bestand finden praktisch gar nicht statt, Herdenschutzmaßnahmen beschränken sich weitestgehend auf passive (Zäune und ggf. Herdenschutzhunde) Maßnahmen.

Insbesondere im ländlichen Raum gibt es zusehends kritische Stimmen, die entweder diesen bisherigen Umgang mit den Wölfen als unangemessen ansehen oder die in anderer Hinsicht der Rückkehr der Wölfe kritisch gegenüberstehen. Es ist im Sinne des sozialen Friedens in einer Gesellschaft wichtig, auch und gerade diese Menschen und deren Probleme ernst zu nehmen und im politischen sowie administrativen Kontext zu berücksichtigen. Die Akzeptanz der Wölfe scheint derzeit deutlich nachzulassen. Unser Problem ist es, dass wir für diesen Eindruck zwar zahlreiche Indizien haben, etwa wenn wir die Diskussionen in sozialen Netzwerken beobachten. Ein fundierter Beleg fehlt allerdings.

MONITORING

In einem ersten, wichtigen Schritt ist es daher erforderlich, die Akzeptanz unterschiedlicher gesellschaftlicher Gruppen dem Wolf gegenüber messbar zu machen. Ein systematisches Akzeptanzmonitoring fehlt bislang völlig. Das derzeitige Wolfsmonitoring ist ein reines Bestandsmonitoring, welches den aktuellen Wolfsbestand zahlenmäßig und hinsichtlich seiner Verwandtschaftsbeziehungen zu anderen Wölfen einzuschätzen versucht.

In diesem Zusammenhang ergeben sich mehrere wichtige Probleme: Der Aufwand für die Bestandserfassung ist derzeit ausgesprochen hoch (z. B. molekularbiologische Identifikation von Einzelindividuen). Gleichzeitig wird der Bestand nur unvollständig erfasst, d. h. systematisch unterschätzt. Letzteres liegt beim Zählen von Wildtieren in der Natur der Sache: Den Anteil, den ich nicht sehe, kann ich auch nicht erfassen (vgl. Kapitel 10). Schließlich liegen die Resultate des Monitorings oft erst mit mehrmonatiger Verzögerung vor und sind dann oftmals bereits wieder überholt.

Dennoch ist ein solches Bestandsmonitoring in Zukunft grundsätzlich weiterhin erforderlich. Allerdings muss der Aufwand deutlich reduziert werden. Mit zunehmend wachsendem Wolfsbestand in Mitteleuropa verliert eine möglichst präzise Identifikation aller Individuen an Bedeutung, wohingegen ein regelmäßiger Überblick über die lokale Ausbreitung (wo genau treten Wölfe neu auf) und eine orientierende Einschätzung der Bestandsentwicklung in der bereits besiedelten Fläche dennoch zweckmäßig wäre. Man sollte daher auf kostengünstigere Ansätze, etwa auf „Citizen-Science"-Grundlage setzen, statt an den bisherigen aufwendigen und teuren Prozeduren mit molekularer Analyse festzuhalten. Die dadurch eingesparten Mittel, und das ist der wichtigste Punkt, könnten für ein dringend überfälliges Akzeptanzmonitoring eingesetzt werden.

Hierbei gilt es, durch regelmäßige Befragungen unterschiedlicher betroffener Interessengruppen (z. B. Halter kleiner oder großer Huftiere, Jäger, Bevölkerung in Regionen mit Wolfsvorkommen u. a.) herauszufinden, wie sich die Akzeptanz entwickelt und wann sich ernsthafte Probleme (z. B. die Vorbereitung illegaler Aktivitäten) herauszubilden beginnen. Die Resultate stellen eine wichtige Grundlage für alle weiteren Managementmaßnahmen dar.

AUSGLEICHSZAHLUNGEN

Mit der zunehmenden Liberalisierung des Umgangs mit dem Wolf, insbesondere der Änderung des Schutzstatus, dürfte die Neigung, Ausgleichszahlungen für Risse und Beihilfen zu Herdenschutzmaßnahmen aus öffentlichen Mitteln zu zahlen, nachlassen. Dennoch sind diese Ausgleichszahlungen ein wichtiger Faktor bei der Erhaltung der Akzeptanz gegenüber dem Wolf. Daher ist es wichtig, rechtzeitig neue Wege, z. B. über privat durch Naturschutzorganisationen finanzierte Fonds oder Stiftungen, zu gehen. Diese könnten durch Spendenmittel finanziell unterstützt werden. Der zusätzliche Vorteil für den Naturschutz bzw. die Naturschutzverbände wäre die deutlich größere Akzeptanz nicht nur des Wolfes, sondern auch diejenige der Naturschutzverbände durch die Landwirtschaft.

Auch in diesem Zusammenhang stellt sich wie beim Monitoring die Frage, ob die aufwendige molekularbiologische Analyse eines Rissgeschehens tatsächlich auch in Zukunft noch erforderlich sein wird. Möglicherweise reicht hier eine offizielle Feststellung aus, welche mit hinreichender Wahrscheinlichkeit einen großen Caniden (Hundeartigen) als „Täter“ identifiziert.

HERDENSCHUTZ

Auf dem Gebiet des Herdenschutzes wird in Zukunft viel Bewährtes bleiben, aber neue, aktive Ansätze werden hinzukommen. Elektrozäune in hinreichender Höhe und Ausführung sind dort, wo sie einsetzbar sind, sicher das Rückgrat aller Herdenschutzmaßnahmen. Auf diese werden wir in Zukunft auch nicht verzichten können. Gleichzeitig müssen wir Wege finden, wie die durch Zäune verursachte Landschaftszerschneidung langfristig minimiert wird. Auch die hohen Verluste an Kleintieren wie Amphibien, Reptilien, aber auch kleinen Säugetieren sind langfristig so nicht hinnehmbar. Hier ist noch einiges an Forschungs- und vor allem Entwicklungsarbeit zu leisten.

Zusätzliche repellente Maßnahmen, vom Gummischrot bis zu Elektro-Halsbändern für Wölfe haben sich aufgrund des damit verbundenen Aufwandes und der unklaren Wirkung bislang nicht durchgesetzt und werden in Zukunft voraussichtlich keine wesentliche Rolle mehr spielen.

Lerneffekte bei den Wölfen führen derzeit noch zu einer Art „Wettrüsten" zwischen Wölfen und Weidetierhaltern. Zäune, welche noch vor zehn Jahren als hinreichend galten, bieten heute kaum noch Schutz, weil Wölfe es gelernt haben, diese zu überwinden (überspringen oder untergraben). Ein Vierteljahrhundert Totalschutz hat darüber hinaus unsere Wölfe von Generation zu Generation gelehrt, dass wir Menschen im Grunde harmlos sind. Die stetige Annäherung an menschliche Siedlungen und Menschen als solche dürfte eine Folge sein. Wir müssen daher davon ausgehen, dass es in Zukunft immer schwieriger werden wird, mit passiven Herdenschutzmaßnahmen allein die Weidetiere wirksam zu schützen. Schließlich sind viele Lebensräume, etwa die Almen oder die Deiche entlang der Nordseeküste, durch Zäune praktisch gar nicht schützbar. Aus diesen Gründen ist es wichtig, jetzt antizipativ über aktive Herdenschutzmaßnahmen nachzudenken.

UNTERSCHIEDLICHE HANDLUNGSOPTIONEN

Die jüngsten Entscheidungen der Berner Konvention und der Europäischen Union erlaubt weitergehende Eingriffe in die Wolfspopulation und deren Teilpopulationen als bislang. Grundvoraussetzung ist dabei, dass der günstige Erhaltungszustand bestehen bleibt (vgl. Kapitel 9). Ob die Änderungen bezüglich des Schutzstatus allerdings, wie dies derzeit gerne öffentlich kommuniziert wird, den raschen Einstieg in eine reguläre Wolfsbejagung bereits im kommenden Jahr bedeuten, muss erst einmal bezweifelt werden. Zunächst müssen die Änderungen der FFH-Richtlinie der EU nämlich in nationales Recht umgesetzt werden.

Ein erster Schritt in eine reguläre, nachhaltige Bejagung der Wölfe zumindest in Teilen Deutschlands ist die Meldung des Erhaltungszustandes[5] des Wolfes durch das Bundesumweltministerium an die EU als teilweise „günstig" und teilweise „unbekannt". Einmal abgesehen davon, dass diese auf veralteten Daten und einer fachlich nicht haltbaren Einteilung beruht, so haben doch die Länder jetzt möglicherweise ihrerseits mehr Handlungsspielraum für regionale Lösungen. Wir sollten aber nicht vergessen, dass der Wolf sich in Deutschland nach wie vor im Zuständigkeitsbereich des Bundesumweltministeriums befindet. Von diesem müssten in Zukunft weitere Schritte ausgehen.

Derzeit hat die Politik, vereinfachend gesagt, drei grundlegend unterschiedliche Handlungsoptionen. So kann der Wolf im Naturschutzrecht verbleiben wie bisher. Die Einordnung in Anhang V der FFH-Richtlinie würde auch den Naturschutzbehörden Möglichkeiten eröffnen, schneller und einfacher Einzeltiere zu entnehmen. Dass dies bereits unter den deutlich strengeren Kriterien des Anhangs IV möglich war, zeigt das Beispiel Frankreich (vgl. Kapitel 10). Das würde hier in Deutschland allerdings, um Konflikte mit dem Jagdrecht der Grundeigentümer zu vermeiden, bedeuten, dass im Wesentlichen Entnahmen von Einzeltieren erfolgen, welche sich dem Menschen deutlich annähern oder Herdenschutzmaßnahmen überwinden.

Die Aufrechterhaltung der Scheu vor dem Menschen könnte ebenfalls durch Entnahme einzelner Welpen erreicht werden, sobald sie den Wurfbau verlassen haben. In der Schweiz wird dieses Verfahren diskutiert und auch in Einzelfällen angewandt. Dass dies einer kritischen, teilweise naturfernen, aber tierliebenden Öffentlichkeit allerdings nur schwer zu vermitteln wäre, liegt auf der Hand. Die zweite Option besteht darin, die Weidetierhalter in der Situation eines Wolfsangriffes zu befähigen, die Herde selbst zu schützen, etwa indem der oder die angreifenden Wölfe mit Gummigeschossen vertrieben oder auch getötet werden. Diese Notstandssituation ist in Deutschland rechtlich sehr allgemein geregelt (vgl. Kapitel 9) und müsste daher etwa in Managementplänen konkret inhaltlich untersetzt werden.

Der Vorteil dieses Verfahrens wäre es, dass die betroffenen Gruppen mehr Eigenverantwortung erhalten und damit auch größere Akzeptanz dem Wolf gegenüber entwickeln würden. Ein Nachteil dieses Ansatzes ist die Personalintensität. Darüber hinaus müssen wir wissen, dass in Deutschland durch Politik und Administration seit Jahrzehnten die Tendenz besteht, den legalen Waffenbesitz immer weiter einzuschränken. Es würde hier einer Neuorientierung in der Politik bedürfen, mit der zumindest in den nächsten Jahren nicht zu rechnen ist.

Die dritte und am meisten diskutierte Option ist derzeit die Überführung der Tierart „Wolf" unter den Schutz des Jagdrechts. Das Jagdrecht ins in Deutschland vom Grunde her Artenschutzrecht, es soll, vereinfacht gesagt, vor allem die Übernutzung von Wildtieren, die bejagt werden, verhindern. Das Jagdrecht bietet ein sehr hohes Schutzniveau, welches mindestens dem des Naturschutzrechts entspricht. Das Instrument der ganzjährigen Schonzeit erlaubt es, Tiere unter Totalschutz zu stellen. Gleichzeitig bedeutet das Jagdrecht, dass dessen Inhaber, der Grundeigentümer, auch zur Hege der Tiere verpflichtet ist.

Auf der anderen Seite ist das Jagdrecht flexibel genug, um bei Problemen vergleichsweise unbürokratisch Ausnahmelösungen durch die zuständige Behörde zu entwickeln. Aus diesem Grunde ist die Unterstellung des Wolfes unter das Jagdrecht eine sehr interessante Alternative. Sie setzt allerdings voraus, dass gleichzeitig der Wolf komplett aus dem Naturschutzgesetz herausfällt und dieses sowie die zugehörigen Verordnungen entsprechend geändert werden. Eine Doppelunterstellung, das sehen wir den Bundesländern, in denen diese derzeit verwirklicht ist, bringt lediglich mehr Bürokratie und weniger Flexibilität. Also entweder ausschließlich Naturschutzrecht oder ausschließlich Jagdrecht, beides zusammen wird nicht funktionieren.

EIN BLICK AUF DIE BEUTETIERE

Wenn wir uns den Wolf auch in diejenigen Regionen Deutschlands zurückwünschen, in denen er bislang noch kaum sesshaft geworden ist, also insbesondere den Süden und Südwesten des Landes, dann gibt es allerdings noch ein anderes, gerne von Politik, Verwaltung und Naturschutzverbänden verdrängtes Problem: Großraubtiere brauchen Beutetiere. Diese simple Erkenntnis scheint uns in Deutschland abhanden gekommen zu sein. Daher ist es, jenseits der Frage von Jagd oder Naturschutzrecht, erst einmal erforderlich, den günstigen Erhaltungszustand einer Hauptbeuteart, nämlich des Rotwildes, wieder herzustellen.

Die derzeit nach wie vor unreflektiert stattfindende Reduktion von Rotwild, Damwild oder Muffelwild, teils mit dem erklärten Ziel der lokalen Ausrottung dieser Arten, in Bundesländern wie Rheinland-Pfalz, Baden-Württemberg oder Bayern, aber etwa auch Hessen, hat bislang lediglich zu einer verzögerten Wiederbesiedlung dieser Regionen durch Wölfe geführt. Wer allerdings glaubt oder vielleicht sogar hofft, dass sich die Rückkehr des Wolfes auf diese Weise aufhalten lässt, wird in den nächsten Jahren vom Gegenteil überzeugt werden: Auch in diese Regionen wird der Wolf zurückkehren. Und das ist gut so. Allerdings sind Übergriffe auf Weidetiere vorprogrammiert, wenn wir die Beutesituation nicht verbessern. Die gute Nachricht: Das Problem ist leicht und auf dem Verordnungsweg innerhalb der einschlägigen Ministerien zu lösen. Wir müssen lediglich genau das tun, was beim Wolf auch erfolgreich ist: die Tiere einfach wieder in ihre Lebensräume zurückkehren lassen.

In Italien hat man in den 1970er-Jahren das Rotwild sogar aktiv wieder angesiedelt und damit einen wichtigen Schritt in Richtung Akzeptanz der Wölfe getan. Warum sollte es in Deutschland nicht möglich sein, Rothirsche und andere Huftiere in der Fläche wenigstens zu tolerieren?

ES BRAUCHT ZEITNAHE ENTSCHEIDUNGEN

Die Rückkehr des Wolfes nach Mitteleuropa war eine Erfolgsgeschichte, teilweise durch unsere Managementmaßnahmen, teilweise, das muss man leider sagen, auch trotz dieser. Vor allem die Weidetierhalter bzw. deren Tiere sind es, welche seit Jahren und von Jahr zu Jahr zunehmend unter der Präsenz des Wolfes leiden. Dabei ist auch zu bemerken, dass die Tierhalter ebenso wie die Jäger sich über die Jahrzehnte weitestgehend an Recht und Gesetz gehalten haben.

Wirtschaftliche Probleme sind die eine Seite, Tierleid und getötete Tiere sowie traumatisierte Tierhalter sind die andere Seite. Unsere Gesellschaft mutet derzeit einer kleinen Minderheit zu, die größte Last der Rückkehr der Wölfe in unsere mitteleuropäische Zivilisationslandschaft zu tragen. Es braucht ein politisches Commitment: Wir sind an einem Punkt angelangt, an dem ein „Weiter-so“ nicht mehr ohne ernsthafte Probleme möglich sein wird. Um auch in Zukunft den Schutz unserer Wölfe aufrechtzuerhalten, braucht es zeitnahe Entscheidungen. Wir haben gesehen, dass es unterschiedliche Lösungswege gibt – einen davon müssen wir jetzt gehen.

WEITERFÜHRENDE UND VERTIEFENDE LITERATUR

Im Buchtext verweisen die hochgestellten Ziffern auf die im Folgenden aufgeführten Quellen.

1. *Anonymus.* Ab wann ist ein Bestand ungefährdet und der günstige Erhaltungszustand erreicht? Bundesministerium für Umwelt, Klimaschutz, Naturschutz und nukleare Sicherheit. https://www.bundesumweltministerium.de/faq/ab-wann-ist-ein-bestand-ungefaehrdet-und-der-guenstige-erhaltungszustand-erreicht/. Zuletzt aufgerufen am 11. Juni 2025.
2. *Anonymus.* Gesetz über Naturschutz und Landschaftspflege-Bundesnaturschutzgesetz vom 29. Juli 2009 (BGBl. I S. 2542), das zuletzt durch Artikel 48 des Gesetzes vom 23. Oktober 2024 (BGBl. 2024 I Nr. 323) geändert worden ist. https://www.gesetze-im-internet.de/bnatschg_2009/BJNR254210009.html. Zuletzt aufgerufen am 5. Juni 2025.
3. *Anonymus.* Herdenschutz vor dem Wolf auf Almen und Alpen oftmals nicht zumutbar. Pressemitteilung Nr. 170/22. Bayerisches Staatsministerium für Umwelt und Verbraucherschutz, 31.10.2022.
4. *Anonymus.* Herdenschutzhunde und sichere Einzäunung. Sächsisches Landesamt für Umwelt, Landwirtschaft und Geologie, Dresden 2018. https://www.stmuv.bayern.de/aktuell/presse/pressemitteilung.htm?PMNr=170/22. Zuletzt aufgerufen am 1. August 2025.
5. *Anonymus.* Mehr Wölfe in Deutschland – Abschuss rückt näher. Tagesschau 31.7.2025. https://www.tagesschau.de/inland/woelfe-abschuss-bundesjagdgesetz-100.html. Zuletzt aufgerufen am 2. August 2025.
6. *Anonymus.* Plan National d'Actions 2018–2023 sur le loup et les activités d´élevage. https://www.ecologie.gouv.fr/sites/default/files/publications/PNA_Loup-et-activites-elevage_2018 – 2023.pdf. Zuletzt aufgerufen am 10. Juli 2025.

7. *Anonymus.* Plan National d'Actions 2024–2029 Loup et activités d'élevage. https://www.ecologie.gouv.fr/sites/default/files/documents/PNA%20Loup.pdf. Zuletzt aufgerufen am 10. Juli 2025.
8. *Anonymus.* Polizist erschießt Wolf: Ein angefahrener Wolf musste leiden, bis die Sachverständigen endlich einen Entschluss gefasst hatten. https://djz.de/polizist-erschiesst-wolf/. 18. März 2019. Zuletzt aufgerufen am 6. Juli 2025.
9. *Anonymus.* Projekt Runeberg. 2025. https://runeberg.org/olmagnus/0661.html. Zuletzt aufgerufen am 20. Juli 2025.
10. *Anonymus.* Richtlinie 92/43 / EWG des Rates vom 21. Mai 1992 zur Erhaltung der natürlichen Lebensräume sowie der wildlebenden Tiere und Pflanzen. https://eur-lex.europa.eu/legal-content/DE/TXT/?uri=celex%3A31992L0043. Zuletzt aufgerufen am 5. Juni 2025.
11. *Anonymus.* Strafgesetzbuch in der Fassung der Bekanntmachung vom 13.11.1998 (BGBl. I S. 3322) zuletzt geändert durch Gesetz vom 07.11.2024 (BGBl. I S. 351) m. W. v. 13.11.2024. https://www.gesetze-im-internet.de/stgb/. Zuletzt aufgerufen am 10. Juni 2025.
12. *Anonymus.* Übereinkommen über die Erhaltung der europäischen wildlebenden Pflanzen und Tiere und ihrer natürlichen Lebensräume vom 19. September 1979. https://beck-online.beck.de/Dokument?vpath=bibdata%2Fges%2Fpflanzenue%2Fcont%2Fpflanzenue.htm. Zuletzt aufgerufen am 5. Juni 2025.
13. *Anonymus.* Ursprüngliche Verbreitung und Rückkehr des Wolfes. Museum der Grafschaft Rantzau. o.J. https://www.museum-grafschaft-rantzau.de/woelfe-bei-uns-frueher-und-heute/urspruengliche-verbreitung-und-rueckkehr-des-wolfs. Zuletzt aufgerufen 10. März 2025.
14. *Anonymus.* Urteil des Gerichtshofs (Fünfte Kammer), 12. Juni 2025. https://curia.europa.eu/juris/document/document.jsf?text=&docid=301163&pageIndex=0&doclang=DE&mode=req&dir=&occ=first&part=1. Zuletzt aufgerufen am 31.7.2025.
15. *Anonymus.* Verantwortung für Deutschland. Koalitionsvertrag zwischen CDU, CSU und SPD. 21. Legislaturperiode. https://www.koalitionsvertrag2025.de/. Zuletzt aufgerufen am 11. Juni 2025.

16. *Anonymus*. Verordnung zum Schutz wild lebender Tier- und Pflanzenarten-Bundesartenschutzverordnung vom 16. Februar 2005 (BGBl. I S. 258, 896), die zuletzt durch Artikel 10 des Gesetzes vom 21. Januar 2013 (BGBl. I S. 95) geändert worden ist. https://www.gesetze-im-internet.de/bartschv_2005/BJNR025810005.html. Zuletzt aufgerufen am 5. Juni 2025.
17. *Anonymus*. Verletzter Wolf eingeschläfert. https://www.medienservice.sachsen.de/medien/news/1066538, 19. Mai 2023. Zuletzt aufgerufen am 6. Juli 2025.
18. *Anonymus*. Wolf greift Sechsjährigen im Wald an – Eltern schlagen mit Stock auf „Problemwolf" ein. welt.de, 1.8.2025. https://www.welt.de/vermischtes/article688b6f79eba40421e07dfc3e/niederlande-wolf-greift-sechsjaehrigen-im-wald-an-eltern-schlagen-mit-stock-auf-problemwolf-ein.html. Zuletzt aufgerufen am 1.8.2025.
19. *Anonymus*. Wolfsangriffe auf Kinder bei Utrecht. zdf heute, 1.8.2025. https://www.zdfheute.de/panorama/niederlande-wolf-naturgebiet-gefahr-biss-kinder-100.html. Zuletzt aufgerufen am 1.8.2025.
20. *Anonymus*. Wolfsverursachte Schäden, Präventions- und Ausgleichszahlungen in Deutschland 2023. Dokumentations- und Beratungsstelle des Bundes zum Thema Wolf, 2024.

*

21. ANDERSEN, L.W.; HARMS, V.; CANIGLIA, R.; CZARNOMSKA, S.D.; FABBRI E, JĘDRZEJEWSKA, B.; KLUTH, G.; MADSEN, A.B.; NOWAK, C.; PERTOLD, C.; RANDI, E.; REINHARDT, I.; STRONEN, A.V. Long-distance dispersal of a wolf, *Canis lupus*, in northwestern Europe. Mammal Research 60, 163–168, 2015.
22. BÄCHTOLD-STÄUBLI, H.; HOFFMANN-KRAYER, E. (Herausgeber). Handwörterbuch des Deutschen Aberglaubens Band 5 Knoblauch-Matthias. Walter de Gruyter, Berlin & New York, 1987.
23. BALLARD, W.B.; AYRES, L.A.; GARDNER, C.I.; FOSTER, J.W. DEN site activity patterns of grey wolves, Canis lupus, in southcentral Alaska. Canadian Field-Naturalist 105, 497–504, 1991.

24. BANGS, E.E.; FRITTS, S.H., FONTAINE, J.A., SMITH, D.W.; MURPHY, K.M.; MACK, C.M.; NIEMEYER, C.C. STATUS of the grey wolf restoration in Montana, Idaho and Wyoming. Wildlife Society Bulletin **26**, 785–789, 1998.
25. BARR, W.A.; POBINER, B.; ROWAN, J.; FAITH, J.T. No sustained increase in zooarchaeological evidence for carnivory after the appearance of *Homo erectus*. Proceedings of the National Academy of Sciences **119**, e2115540119.
26. BEYER, G. *Canis lupus politicus* – oder darf der Wolf irgendwann nur ein Wildtier sein? Beiträge zur Jagd- und Wildforschung **44**, 49–53, 2019.
27. BEYER, G.; VON MASSOW, F.; WINTER, A. WILDTIERMANAGEMENT WOLF. AKTIONSBÜNDNIS Forum Natur, Berlin 2019.
28. BIBIKOW, D.I. Der Wolf, *Canis lupus*. A. Ziemsen Verlag, Lutherstadt Wittenberg 1988.
29. BOITANI, L. Action Plan for the European Wolvers. Council of Europe, Nature and Environment **113**, 1–86, 2000.
30. BOITANI, L. Wolf management in intensively used areas of Italy. In: HARRINGTON, F.H.; PAQUET, P.C. (Herausgeber). Wolves in the world. Noyes Publications, Park Ridge, 158–172, 1982.
31. BOITANI, L.; CIUCCI, P.; RAGANELLE-PELLICIONI, E. Ex-post compensation payments for wolf predation on livestock in Italy: a tool for conservation? Wildlife Research **37**, 722–730, 2010.
32. BRENNER, M. Rechtsgutachten zu den Möglichkeiten der Einführung eines Bestandsmanagements für den Wolf. https://www.fdpbt.de/gutachten/rechtsgutachten-moeglichkeiten-einfuehrung-bestandsmanagements-fuer-wolf. Zuletzt aufgerufen am 11. Juni 2025.
33. BROCK, D. Leben in Gesellschaften: Von den Ursprüngen bis zu den alten Hochkulturen. Verlag für Sozialwissenschaften, Wiesbaden 2006.
34. BROWN, D.S.; JOHNSTON, R.E. Individual discrimination on the basis of urine in dogs and wolves. In: MÜLLER-SCHWARZE,

D.; SILVERSTEIN, R.M. (Herausgeber). Chemical signals in vertebrates, 343–346, Plenum Press, New York 2003.

35. BÜRGER, T. Akzeptanz des Wolfs bei verschiedenen gesellschaftlichen Gruppen und deren mögliche zukünftige Veränderung. BSc Thesis, Technische Universität Dresden, 2014.

36. BUTZECK, S.; STUBBE, M. Zur Historie des Wolfes (*Canis lupus* L., 1758) in Ostdeutschland. Beiträge zur Jagd- und Wildforschung 44, 275–334, 2019.

37. BUTZECK, S.; STUBBE, M.; PIECHOCKI, R. Beiträge zur Geschichte der Säugetierfauna der DDR. Teil 3. Der Wolf *Canis lupus* L. 1758. Hercynia N.F. 25, 278–317, 1988.

38. CARBYN, L.N.; OOSENBURG, S.; ANIONS, D.W. Wolves, bisons and the dynamics related to the Peace Athabaska Delta in Canada´s Wood Buffalo National Park. Circumpolar Research Series 4, 1–270, 1993.

39. CIUCCI, P.; REGGIONI, W.; MAIORANO, L.; BOITANI, L. Long-Distance Dispersal of a Rescued Wolf From the Northern Apennines to the Western Alps. The Journal of Wildlife Management 73, 1300–1306, 2009.

40. CLARK, E. Indian legends of the Pacific Northwest. University of California Press, Berkeley 1969.

41. COLINO-RABANAL, V.J.; LIZIANA, M.; PERIS, S.J. Factors influencing wolf Canis lupus road-kills in Nortwest Spain. European Journal of Wildlife Research 57, 399–409, 2011.

42. COPPINGER, R.; COPPINGER, L. Dogs. Scribner, New York 2001.

43. CUESTA, L.; BARCENA, F.; PALCIOS, F.; REIG, S. 1991. The trophic ecology of the Iberian Wolf (*Canis lupus signatus* Cabrera, 1907) – A new analysis of stomach's data. Mammalia 55, 239–255, 1993.

44. DAHLKE, J. Wolfsangriff: 50-köpfige Jungrinderherde flüchtet. agrarheute 19.3.2022. https://www.agrarheute.com/tier/rind/wolfsangriff-50-koepfige-jungrinderherde-fluechtet-591463. Zuletzt aufgerufen am 2. Juli 2025.

45. DAVIDSON-NELSON, S.J.; GEHRING, T.M. Testing fladry as a nonlethal management tool for wolves and coyotes in Michigan. Human-Wildlife Interactions 4, 87–94, 2010.
46. DAVIS, S.J.M.; VALLA, F.R. Evidence for domestication of the dog 12.000 years ago in the Natufian of Israel. Nature 276, 608–610, 1978.
47. DAWKINS, R. The Selfish Gene. Oxford University Press, Oxford 1976.
48. DE BLÉCOURT, W. „I Would Have Eaten You Too". Werewolf Legends in the Flemish, Dutch and German Area. Folklore 118, 23–43, 2007.
49. DEUTSCH, A. Als der Wolf noch böse war. Damals, 72–76, Juli 2019.
50. DEUTSCH, A. Das Tier in der Rechtsgeschichte – eine Gesamtschau im Hinblick auf die deutsche Rechtsentwicklung. In: DEUTSCH, A.; KÖNIG, P. (Herausgeber). Das Tier in der Rechtsgeschichte, 11–102, 2017.
51. DING, Z.-L.; OSKARSSON, M.; ARDALAN, A.; ANGLEBY, H.; DAHLGREN, L.-G.; TEPELI, C.; KIRKNESS, E.; SAVOLAINEN, P.; ZHANG, Y.-P. Origins of domestic dog in Southern East Asia is supported by analysis of Y-chromosome DNA. Heredity 108, 507–514, 2012.
52. DRUZHKOVA, A.S.; THALMANN, O.; TRIFONOV, V.A.; LEONARD, J.A.; VOROBIEVA, N.V.; OVODOV, N.D.; GRAPHODATSKY, A.S.; WAYNE, R.K. Ancient DNA Analysis Affirms the Canid from Altai as a Primitive Dog. PLoS one 8, 57754, 2013.
53. EKLUND, A.; LÓPEZ-BAO, J.V.; TOURANI, M.; CHAPRON, G.; FRANK, J. Limited evidence on the effectiveness of interventions to reduce livestock predation by large carnivores. Scientific Reports 7, Nr. 2097. https://doi.org/10.1038/s41598-017-02323-w
54. FISHER, H. Restoring the wolf: Defenders launches a compensation fund. Defenders 66, 35–39, 1989.
55. FULLER, T.K.; MECH, L.D.; COCHRANE, J.F. Wolf populations dynamics. In: MECH, L.D.; BOITANI, L.(Herausgeber). Wolves, Ecology and Conservation, 161–191, The University of Chicago Press, Chicago 1993.

56. GALOV, A.; FABBRI, E.; CANIGLIA, R.; ARBANASIĆ, H.; LAPALOMBELLA, S.; FLORIJANČIĆ, T.; BOŠKOVIĆ, I.; GALAVERNI, M.; RANDI, E. First evidence of hybridization between golden jackal (*Canis aureus*) and domestic dog (*Canis familiaris*) as revealed by genetic markers. Royal Society Open Science 2, 150450, 2015. http://dx.doi.org/10.1098/rsos.150450
57. GÖRNER, M. Der Wolf (Canis lupus) in Deutschland aus der Sicht des Artenschutzes. Säugetierkundliche Informationen 10,53, 407–416, 2017.
58. GRAEBER, D.; WENGROW, D. Anfänge. Eine neue Geschichte der Menschheit. Klett-Cotta Verlag, Stuttgart 2022.
59. HARRINGTON, F. H.; ASA, C. S. Wolf communication. In: MECH, L.D.; BOITANI, L. (Herausgeber). Wolves, Ecology and Conservation, 66–103, The University of Chicago Press, Chicago 1993.
60. HARRINGTON, F.H.: MECH, L.D. Howling at two Minnesota wolf pack homesites. Canadian Journal of Zoology 56, 2024–2028, 1978.
61. HARRINGTON, F.H.: MECH, L.D. Wolf howling and its role in territory maintainance. Behaviour 68, 207–249.
62. HARRINGTON, F.H.: MECH, L.D. Wolf pack spacing: howling as a territory-independent spacing mechanism in a territorial population. Behavioral Ecology and Sociobiology 12, 161–168, 1983.
63. HATTEMER, H.H.; BERGMANN, F.; ZIEHE, M. Einführung in die Genetik für Studierende der Forstwissenschaft. J.D. Sauerländer´s Verlag, Frankfurt am Main 1993.
64. HAWLEY, J.E.; GEHRING, T.M.; SCHULTZ, R.N.; ROSSLER, S.T.; WYDEVEN, A.P. Assessment of shock collars as non-lethal management for wolves in Wisconsin. Journal of Wildlife Management 73, 518–525, 2009.
65. HELM, H.; HERZOG, S.; BECKER, U. Bahnbetrieb und das Verbot der Tötung geschützter Tiere. Zeitschrift für Europäisches Umwelt- und Planungsrecht 14, 144–147, 2016.

66. HENSHAW, R.E.; STEPHENSON, R.O. Homing in the gray wolf (*Canis lupus*). Journal of Mammalogy **55**, 234–237, 1974.
67. HERZOG, S. Die Sache mit dem Wald. Franckh-Kosmos, Stuttgart 2019.
68. HERZOG, S. Mortalität durch Verkehrswege beim Wolf (*Canis lupus*) – ein Artenschutzproblem? Säugetierkundliche Informationen **9,48**, 235–242, 2014.
69. HERZOG, S. Return of grey wolf (*Canis lupus*) to Central Europe: challenges and recommendations for future management in cultural landscapes. Annals of Forest Research **61**, 203–209, 2018. doi 10.15287/afr.2018.110
70. HERZOG, S. Wildtiere Mitteleuropas. Quelle & Meyer, Wiebelsheim 2025.
71. HERZOG, S. Wildtiermanagement. Quelle & Meyer, Wiebelsheim 2019.
72. HERZOG, S.; GUBER, S. Der naturschutzrechtliche Populationsbegriff als Maßstab zur Beurteilung des Erhaltungszustandes einer Art gem. § 45 Abs. 7 S. 2 BNatschG erläutert am Beispeil des Wolfes (*Canis lupus*). Natur und Recht **40**, 682–688, 2018.
73. HIMESTEDT-VAID, P. Der Werwolf in norddeutschen Sagen. Fabula **63**, 143–163, 2022.
74. HIRSCHBERG, W.; MÜLLER, W. (Herausgeber): Wörterbuch der Völkerkunde. Dietrich Reimer Verlag, Berlin 2005.
75. JĘDRZEJEWSKA, B.; JĘDRZEJEWSKI, W.; BUNEVICH, A.N.; MINKOWSKI, L.; OKARMA, H. Population dynamics of wolves *Canis lupus* in Białowieża Primeval Forest (Poland and Belarus) in Relation to hunting by humans 1847 to1993. Mammal Review **26**, 103–126.
76. JĘDRZEJEWSKI, W.; JĘDRZEJEWSKA, B.; OKARMA, H.; SCHMIDT, K.; ZUB, C.; MUSIANI, M. PREY selection and predation by wolves in Białowieża Primary Forest, Poland. Journal of Mammalogy **81**, 197–212, 2000.
77. JĘDRZEJEWSKI, W.; SCHMIDT, K.; THEUERKAUF, J.; JĘDRZEJEWSKA, B.; KOWALCZCZYK, R. Territory size of wolves *Canis*

lupus: linking local (Białowieża Primeval Forest, Poland) ans Holarctic-scale patterns. Ecography 30, 66–76, 2007.
78. JĘDRZEJEWSKI, W.; SCHMIDT, K.; THEUERKAUF, J.; JĘDRZEJEWSKA, B.; SELVA, N.; ZUB, K.; SZYMURA, L. Kill rate and predation by wolves on ungulate populations in Białowieża Primeval Forest (Poland). Ecology 83, 1341–1356, 2002.
79. JĘDRZEJEWSKI, W.; SCHMIDT, K.; THEUERKAUF, J.; JĘDRZEJEWSKA, B.; OKARMA, H. Daily movements and territory use by radio-collared wolves *Canis lupus* in Białowieża Primeval Forest, Poland. Canadian Journal of Zoology 79, 1–12, 2001.
80. JORDAN, P.A.; SHELTON, P.C.; ALLEN, D.L. Numbers, turnover, and social structure of the Isle Royale wolf population. The American Zoologist 7, 233–252, 1967.
81. KAYS, R.; CURTIS, A.; KIRCHMAN, J.J. Rapid adaptive evolution of northeastern coyotes via hybridization with wolves. biology letters 6, 2009.0575, 2010. https://doi.org/10.1098/rsbl.2009.0575
82. KAZIMIROV, P.A.; BELOKON´, Y.S.; BELOKON´, M.M.; MISHIN, A.S.; STAKHEEV, V.V.; YAROVENKO, Y.A.; YAROVENKO, A.Y.; POLITOV, D.V. Genetic Identification of Putative Hybrids between Grey Wolf and Golden Jackal. Animal Genetics 60, 763–770, 2024.
83. KIND, C.-J. Das Lonetal – eine altsteinzeitliche Fundlandschaft von Weltrang. Archäologie in Deutschland, 22–25, 6/2016.
84. KLEINSCHMIDT, A. Über Das neuere Vorkommen von Wölfen in Niedersachsen. In: STEINIGER, F. (Herausgeber). Natur und Jagd in Niedersachsen, 38–45, Verlag Lax, Hildesheim 1956.
85. KÖCK, W. Kurzgutachten zum Entwurf „Bayerischer Aktionsplan Wolf“ des Bayerischen Landesamt für Umwelt (2018) im Auftrag der Gregor Luisoder Umweltstiftung. https://www.umweltstiftung.com/fileadmin/sn_config/mediapool_umweltstiftung/archiv/bayern_wild_historie/Koeck-Kurzgutachten-Wolf.pdf. Zuletzt aufgerufen am 10. Juni 2025.
86. KÖCK, W.; KUCHTA, L. Wolfsmanagement in Deutschland. Natur und Recht 39, 509–517, 2017.

87. KÖNIG, A.; ROMIG, T. Fox tapeworm *Echinococcus multilocularis*, an underestimated threat: a model for estimating risk of contact. Wildlife Biology **16**, 258–266, 2010.
88. KÖNIG, A.; ROMIG, T.; JANKO, C.; HILDENBRAND, R.; HOLZHOFER, E.; KOTULSKI, Y.; LUDT, C.; MERLI, M.; EGGENHOFER, S.; THOMA, D.; VILSMEIER, J.; ZANNANTONIO, D. Integrated-baiting concept against *Echinococcus multilocularis* in foxes is successful in southern Bavaria, Germany. European Journal of Wildlife Research **54**, 439–447, 2008.
89. KROKE, J. Hamburger Taxifahrer stirbt bei Crash auf B73: Trieb ein Wolf die panischen Pferde vor sein Auto? RTL, 1. Oktober 2024. https://www.rtl.de/news/taxifahrer-stirbt-bei-crash-auf-b73-trieb-ein-wolf-die-panischen-pferde-vor-sein-auto-id1857467.html. Zuletzt aufgerufen am 2. Juli 2025.
90. KUBIK, G. Totemismus: ethnopsychologische Forschungsmaterialien und Interpretationen aus Ost- und Zentralafrika 1962–2002. LIT Verlag, Münster 2004.
91. LABOUVIE, E. „Gauckeleyen" und „ungeziemende abergläubische Seegensprüchereyen". Magische Praktiken um Schwangerschaft, Geburt und Wochenbett. In: KREISSL, E. (Herausgeber). Kulturtechnik Aberglaube. transcript, Bielefeld 271–298.
92. LEHMANN, J. Goldschakal reißt Lämmer auf Sylt – Behörden schlagen Alarm. Berliner Morgenpost, 4. Juni 2025. https://www.morgenpost.de/panorama/article409181789/goldschakal-reisst-laemmer-auf-sylt-behoerden-schlagen-alarm.html. Zuletzt aufgerufen am 2. August 2025.
93. LINDBLAD-TOH, K.; WADE, C.M.; MIKKELSEN, T.S.; KARLSSON, E.K.; JAFFE, D.B.; KAMAL, M.; CLAMP, M.; CHANG, J.L.; KULBOKAS, E.J.; ZODY, M.C.; MAUCELI, E.; XIE, X.; BREEN, M.; WAYNE, R.K.; OSTRANDER, E.A.; PONTING, C.P.; GALIBERT, F.; SMITH, D.R.; DEJONG, P.J.; KIRKNESS, E.; ALVAREZ, P.; BIAGI, T.; BROCKMAN, W.; BUTLER, J.; CHIN, C.-W.; COOK, A.; CUFF, J.; DALY, M.J.; DECAPRIO, D.; GNERRE, S.; GRABHERR, M.; KELLIS, M.; KLEBER, M.; BARDELEBEN, C.; GOODSTADT, L.; HEGER, A.; HITTE, C.; KIM,

L.; KOEPFLI, K.-P.; PARKER, H.G.; POLLINGER, J.P.; SEARLE, S.M.J.; SUTTER, N.B.; THOMAS, R.; WEBBER, C.; LANDER, E.S. Genome sequence, comparative analysis and haplotype structure of the domestic dog. Nature 438, 04338, 2005.

94. LINDOW, J. Norse Mythology: A Guide to the Gods, Heroes, Rituals, and Beliefs. Oxford University Press, Oxford 2001.

95. LINNELL, J.D.C. ; LØE, J. ; OKARMA, H. ; BLANCOS, J. C.; ANDERSONE, Ź.; Valdmann, H.; BALČIAUSKAS, L.; PROMBERGER, C.; BRAINERD, S.; WABAKKEN, P.; KOJOLA, I. ; ANDERSEN, R.; LIBERG, O.; SAND, H.; SOLBERG, E.J.; PEDERSEN, H.C.; BOITANI, L.; BREITENMOSER, U. 2002. The fear of wolves: A review of wolf attacks on humans. Norwegian Institute for Nature Research Oppdragsmelding 731, 1–65, 2002.

96. LINNELL, J.D.C.; KOVTUN, E.; ROUART, I. 2021. Wolf attacks on humans: an update for 2002–2020. Norwegian Institute for Nature Research Oppdragsmelding Norwegian Institute for Nature Research Report 1944, 2021.

97. LINNELL, J.D.C.; SALVATORI, V.; BOITANI, L. Guidelines for population level management plans for large carnivores in Europe. A Large Carnivore Initiative for Europe report prepared for the European Commission. Contract Nr. 070501/2005/424162/MAR/B2. 2008. http://www.carnivoreconservation.org/files/actionplans/lcie_guidelines.pdf. Zuletzt aufgerufen am 11. Juni 2025.

98. LOCKWOOD, R. Dominance in wolves: Useful construct or bad habit? In: KLINGHAMMER, E. (Herausgeber). The Behavior and Ecology of Wolves, 225–244, Garland Press, New York 1979.

99. LOTKA, A.J. The growth of mixed populations: two species competing for a common food supply. Journal of the Washington Academy of Sciences 22, 461–469, 1932.

100. LÜDECKE, T.; LEICHLITER, J.N.; STRATFORD, D.; SIGMAN, D.M.; VONHOF, H.; HAUG, G.H.; BAMFORD, M.K.; MARTÌNES-GARCÌA, A. Australopithecus at Sterkfontein did not consume substantial mammalian meat. Science 387, 309–314, 2025.

101. MALSON, L.; ITARD, J.M.G.; MANNONI, O. Die wilden Kinder. Suhrkamp Verlag, Frankfurt am Main 1972.

102. MAYR, E. Animal Species and Evolution. Belknap of Harvard University Press, Cambridge 1963, 1977.
103. MAYR, E. Artbegriff und Evolution. Verlag Paul Parey, Hamburg & Berlin 1967.
104. MECH, L.D. Estimated costs of maintaining a recovered wolf populations in agricultural regions of Minnesota. Wildlife Society Bulletin 26, 817–822, 1998.
105. MECH, L.D. Longevity in wild wolves. Journal of Mammalogy 69, 197–198.
106. MECH, L.D. Productivity, mortality, and population trends of wolves in northeastern Minnesota. Journal of Mammalogy 58, 559–574, 1977.
107. MECH, L.D. The Wolf. Natural History Press, Garden City 1970.
108. MECH, L.D. The challenge and opportunity of recovering wolf populations. Conservation Biology 9, 270–278, 1995.
109. MECH, L.D.; ADAMS, L.G.; MEIER, T.J.; BURCH, J.W.; DALE, B.W. The wolves of Denali. University of Minnesota Press, Minneapolis, 1998.
110. MECH, L.D.; BOITANI, L. Wolf Social Ecology. In: MECH, L.D.; BOITANI, L. (Herausgeber). Wolves-Ecology and Conservation. The University of Chicago Press, Chicago 2003.
111. MECH, L.D.; NELSON, M.E. Non-family wolf (*Canis lupus*) packs. Canadian Field-Naturalist 104, 482–483, 1990.
112. MERIGGI, A.; BRANGI, A.; SCHENONE, L.; SIGNORELLI, D.; MILANESI, P. Change of wolf (*Canis lupus*) diet in Italy in relation to the increase of wild ungulate abundance. Ecology, Ethology and Evolution 23, 195–2101, 2011.
113. MERIGGI, A.; POSA, R.; BRANGI, A.; METTEUCCI, C. Habitat use and diet in the wolf in northern Italy. Acta Theriologica 36, 141–151, 1991.
114. METELING, A. DER WERWOLF. In: KASSUNG, C.; MERSMANN, J.; RADER, O.B. (Herausgeber). Zoologicon. Ein kulturhistorisches Wörterbuch der Tiere., 438–442, Fink, München 2012.
115. MIGLI, D.; YOULATOS, D.; ILIOPOULOS, Y. Winter food habits of wolves in central Greece. Journal of Biological Research 4, 217–220, 2005.

116. MILANESI, P.; MERIGGI, A.; MERLI, E. Selection of wild ungulates by wolves *Canis lupus* (L. 1758) in an area of the Northern Apennines (North Italy). Ethology, Ecology and Evolution 24, 81–96, 2012.
117. MIßBACH, K. Mündliche Mitteilung 1999.
118. MOHR, E. Die „letzten" Wölfe von Niedersachsen. Säugetierkundliche Mitteilungen 1, 22–26, 1953.
119. MORICEAU, J.-M. L'homme contre le loup: Une guerre de deux mille ans. Fayard, Paris 2011.
120. MORICEAU, J.-M. La bête du Gévaudan. Tallandier, Paris 2009.
121. MORICEAU, J.-M. The Wolf Threat in France from the Middle Ages to the Twentieth Century. HAL open science, 2014, hal-01011915.
122. MUSIANI, M.; MAMO, C.; BOITANI, L.; CALLAGHAN, C.; GATES, C.C.; MATTEI, L.; VISALBERGHI, E.; BRECK, S.; VOLPI, G. Wolf Depredation Trends and the Use of Fladry Barriers to Protect Livestock in Western North America. Conservation Biology 17, 1538–1547, 2003.
123. NASSTRÖM, B.-M. Bärsärkarna. Vikingatidens Elitsoldater. Norstedts, Stockholm 2006.
124. NESSENIUS, E. Beweise für eine hybridisierte Gründerpopulation der Wölfe in Sachsen. Beiträge zur Jagd- und Wildforschung 44, 113–122, 2019.
125. NOWAK, R. M. Another look at wolf taxonomy. In: CARBYN, L. N.; FRITTS, S. H.; SEIP, D. R. (Herausgeber). Ecology and conservation of wolves in a changing world, 375–398, Canadian Circumpolar Institute, Edmonton 1995.
126. OKARMA, H. Der Wolf. Verlag Paul Parey, Berlin 2002.
127. OKARMA, H.; HERZOG, S. Handbuch Wolf. Franckh-Kosmos, Stuttgart 2019.
128. OLZAŃSKA, A. Comparison of attitudes of the key interest groups toward the wolf (*Canis lupus*) and the Eurasian lynx (*Lynx lynx*) conservation in Poland. Dissertation, Polish Academy of Sciences, Kraków 20212.

129. OVODOV, N.D.; CROCKFORD, S.J.; KUZMIN, Y.V.; HIGHAM, T.F.G.; HODGINS, G.W.L.; VAN DER PLICH, J. A 33,000-Year-Old Incipient Dog from the Altai Mountains of Siberia: Evidence of the Earliest Domestication Disrupted by the Last Glacial Maximum. PLoS one 6, e22821, 2011.
130. PACKARD, J.M. Wolf behaviour: reproductive, social, and intelligent. In: MECH, L.D.; BOITANI, L. (Herausgeber). Wolves-Ecology and Conservation. The University of Chicago Press, Chicago 2003.
131. PANG, J.-F.; KLUETSCH, C.; ZOU, X.-J.; ZHANG, A.-B.; LUO, L.-Y.; ANGELBY, H.; ARDALAN, A.; EKSTRÖM, C.; SKÖLLERMO, A.; LUNDEBERG, J.; MATSUMURA, S.; LEITNER, T.; ZHANG, Y.-P.; SAVOLAINEN, P. mtDNA Data Indicate a Single Origin for Dogs South of Yangtze River, Less Than 16.300 Years Ago, from Numerous Wolves. Molecular Biology and Evolution 26, 2849–2864, 2009.
132. PAQUET, P.C. Behavioral ecology of sympatric wolves (*Canis lupus*) and coyotes (*Canis latrans*) in Riding Mountain National Park. Canadian Journal of Zoology 69, 1721–1727, 1991.
133. PAVLOV, M.P. Volk. Agropromizdat, Moskva, 1990.
134. PETERS, R.P.; MECH, L.D. Scent-marking in wolves. American Scientist 63, 628–637.
135. PETERSON, R.O.; THOMAS, N.J.; THURBER, J.M.; VUKETICH, J.A.; WAITE, T.A. Population Limitation and the Wolves of the Isle Royale. Journal of Mammalogy 79, 828–841, 1998.
136. PETZOLDT, L. Kleines Lexikon der Dämonen und Elementargeister. Verlag C.H. Beck, München 2003.
137. PIMLOTT, D.h. Wolf predations and ungulate populations. The American Zoologist 7, 267–278, 1967.
138. PLANILLO, A.; WENZLER-MEYA, M.; REINHARDT, I.; KLUTH, G.; MICHLER, F.-U.; STIER, N.; LOUVRIER, J.; STEYER, K.; GILLICH, B.; RIEGER, S.; KNAUER, F.; KUEMMERLE, T.; KRAMER-SCHADT, S. Understanding habitat selection of range-expanding populations of large carnivores: 20 years of grey wolves (*Canis lupus*) recolonizing Germany. Diversity and Distributions 30, 71–86, 2024.

139. POLSTER, J.-U.; HERZOG, S. Studies on deterrent agents for predator and prey species to avoid wildlife collisions along transport routes on the example of Grey wolf (*Canis lupus*) and Red deer (*Cervus elaphus*). Mammalian Biology 79S, 16, 2014.
140. POLSTER, J.-U.; PFARRE, C.; HERZOG, S. Möglichkeiten der olfaktorischen und akustischen Vergrämung des Wolfes (*Canis lupus*) an Verkehrswegen: Erste Ergebnisse einer Gehegestudie. Säugetierkundliche Informationen 9,48, 281–288, 2014.
141. REIBESTEIN, K.-J. Wolf und Weidetiere: Untersuchungen zur Konfliktsitiation in Sachsen. B. Sc. Thesis, Technische Universität Dresden, Dresden 2023.
142. REIMOSER, F.; KACKLÄNDER, K. Chancen und Grenzen wildökologischer Raumplanung. Der Anblick, 26–31, April 2008.
143. REINHARDT, I.; KACZENSKY, P.; FRANK, J.; KNAUER, F.; KLUTH, G. Konzept zum Umgang mit Wölfen, die sich Menschen gegenüber auffällig verhalten. BfN-Skripten 502, 1–50, 2018.
143a. REINHARDT, I.; KACZENSKY, P.; KNAUER, F.; RAUER, G.; KLUTH, G.; WÖLFL, S.; HUCKSCHLAG, D.; WOTSCHIKOWSKI, U. Monitoring von Wolf, Luchs und Bär in Deutschland. BfN-Skripten 413, 1–94, 2015.
144. RJABOV, L.S. Volko-sobatschii gibridy v Voronezhkoi oblasti. Byulleten Moskovskogo Obshchvestva Ispytatelei Prirody (Ordel Biologii) 78, 25–39, 1973.
145. RÖHL, M.; SCHÜTTE, P.; RÖHL, S.; STREIT, L.; NOLTE, T.; ARNOLD, A.; LAMPRECHT, S.; KELLER, S. Herdenschutz am Deich in der Praxis. BfN Schriften 680, 1–194, 2024.
146. ROQUE, S.; ÁLVARES, F.; PETRUCCI-FONSECA, F. Utilización espacio-temporal y hábitos alimentarios de un grupo reproductor del lobos en el noroeste de Portugal. Galemys 13, 1–20, 2001.
147. SALVADOR, A.; ABAD, P. Food habits of a wolf population (*Canis lupus*) in León province, Spain. Mammalia 51, 45–52, 1987.
148. SAND, H.; WABAKKEN, P.; ZIMMERMANN, B.; JOHANNSSON, Ö.; PEDERSEN, H.C.; LIBERG, O. Summer kill rates and predation patterns in a wolf-moose-system: can we rely on winter estimates? Oecologia 156, 53–64, 2008.

149. SCHENKEL, R. Expression studies of wolves. Behaviour 1, 81–129, 1947.

150. SCHILD, W. Tiergestalten und Hexereiverbrechen. In: DEUTSCH, A.; KÖNIG, P. (Herausgeber). Das Tier in der Rechtsgeschichte, 511–557, Universitätsverlag Winter, Heidelberg 2017.

151. SCHMIDT, K.; JĘDRZEJEWSKI, W.; SCHMIDT, K.; THEUERKAUF, J.; KOWALCZYK, R.; OKARMA, H.; JĘDRZEJEWSKA, B. Reproductive behaviour of wild-living wolves in Białowieźa Primeval Forest (Poland). Journal of Ethology 26, 69–78, 2008.

152. SCHMIDT, M. Gesellschaftliche Akzeptanz des Wolfs (*Canis lupus*) in der Oberlausitz. BSc Thesis, Technische Universität Dresden, 2018.

153. SCHNEIDER, M. Wölfe in Schweden-Status, Management und offene Fragen. Beiträge zur Jagd- und Wildforschung 44, 213–229, 2019.

154. SCHNIEDRIG, R. Die pragmatische Schutzstrategie der Schweiz im Umgang mit dem Wolf – ein aktueller Überblick. Schriftenreihe des Landesjagdverbandes Bayern 23, 69–70, 2017.

155. SCHWERDTFEGER, F. Ökologie der Tiere. Band 2. Demökologie. Verlag Paul Parey, Berlin 1968.

156. SIDOROVICH, V.E.; TIKHOMIROVA, L.L.; JĘDRZEJEWSKA, B. Wolf Canis lupis numbers, diet and damage on livestock in relation to hunting and ungulate abundance in northeastern Belarus. Wildlife Biology 9, 103–111, 2003.

157. SILLERO-ZUBIRI, C. Family *Canidae* (Dogs). In: Wilson, D.E.; MITTERMEIER, R.A. (Herausgeber): Handbook of the Mammals of the World. Volume 1: Carnivores, 352–446, Lynx Edicions, Barcelona 2009.

158. SIMEK, R. Lexikon der germanischen Mythologie. Kröner Verlag, Stuttgart 2006.

159. SINGH, J.A.L.; ZINGG, R.M. Wolf-children and feral man. Harper & Brothers, New York 1942.

160. STUBBE, M.; STUBBE, A. Der Wolf in Europa – Utopie und Wirklichkeit. Beiträge zur Jagd- und Wildforschung 44, 11–25, 2019.

161. TAUBE, M. Geheime Geschichte der Mongolen. Verlag C.H. Beck, München 2005.
162. TEUBNER, J.; BUTZECK, S.; PETRICK, S., TEUBNER, J. Die Entwicklung der Wolfsvorkommen im Land Brandenburg. Beiträge zur Jagd- und Wildforschung 44, 123–140, 2019.
163. THIEL, R.P.; MERRILL, S.; MECH, L.D. Tolerance by denning wolves, *Canis lupus*, to human disturbance. Canadian Field-Naturalist 112, 340–342, 1998.
164. TISCHLER, F. Einführung in die Ökologie. Gustav Fischer Verlag, Stuttgart & New York 1976.
165. TODARO, G. The Maneater of Gévaudan. When the Serial Killer Is an Animal. Lulu, Raleigh 2013.
166. TREVES, A.; KARNATH, K.U. Human-carnivore conflict and perspectives of carnivore management world-wide. Conservation Biology 17, 1491–1499, 2003.
167. VALIÉRE, N.; FUMAGALLI, L.; GIELLY, L.; MIQUEL, C.; LEQUETTE, B.; POULLE, M.-L.; WEBER, J.-M.; ARLETTAZ, R.; TABERLET, P. Long-distance wolf recolonization of France and Switzerland inferred from non-invasive genetic sampling over a period of 10 years. Animal Conservation 6, 83–92, 2003.
168. VAN BALLENBERGHE, V.; ERICKSON, A.W. A wolf pack kills another wolf. American Midland Naturalist 90, 490–493.
169. VAN BALLENBERGHE, V.; MECH, L.D. Weights, Growth, and Survival of Timber Wolf Pups in Minnesota. Journal of Mammalogy 56, 44–63, 1975.
170. VILÀ, C.; SAVOLAINEN, P.; MALDONADO, J.E.; AMORIM, I.R.; RICE, J.E.; HONEYCUTT, R.L.; CRANDALL, K.A.; LUNDEBERG, J.; WAYNE, R.K. Multiple and Ancient Origins of the Domestic Dog. Science 276, 1687–1689, 1997.
171. VOLTERRA, V. Fluctuations in the abundance of a species consideres mathematically. Nature 118, 558–560.
172. VON HOLDT, B. M., POLLINGER, J.; LOHMUELLER, K.; HAN, E.; PARKER, H.; QUIGNON, P.; DEGENHARDT, J.; BOYKO, A.; EARL, D.; ANTON, A.; RENOLDS, A.; BRYC, K.; BRISBIN,

A.; KNOWLES, J.; MOSHER, D.; SPADY, T.; ELKAHLOUN, A.; GEFFEN, E.; PILOT, M.; JĘDRZEJEWSKI, W.; GRECO, C.; RANDI, E.; BANNASCH, D.; WILTON, A.; SHEARMAN, J.; MUSIANI, M.; CARGILL, M.; JONES, P.; QIAN, Z.; HUANG, W.; DING, Z.; ZHANG, Y.; BUSTAMANTE, C.; OSTRANDER, E.; NOVEMBRE, J.; WAYNE, R. Genome-wide SNP and haplotype analyses reveal a rich history underlying dog domestication. Nature 464, 898–902, 2010.

173. VOS, J. Food habits and livestock depredation of two Iberian wolf packs (Canis lupus signatus) in the north of Portugal. Journal of Zoology 251, 457–462, 2000.

174. VUKOVIĆ, K. Wolves of Rome: the Lupercalia from Roman and comparative perspectives. De Gruyter, Berlin & Boston 2022.

175. WASHBURN, S. L.; LANCASTER, C.S. The Evolution of Hunting. In: Lee, R.B.; DeVore, I. (Herausgeber). Man the Hunter, 293–304, Aldine Publishing Company, Chicago 1968.

176. YOUNG, J.C.; MARZANO, M.; WHITE, R.M.; MCCRACKEN, D.I.; REDPATH, S.M.; CARSS, D.N.; QUINE, C.P.; WATT, A.D. The emergence of biodiversity conflicts from biodiversity impacts: characteristics and management strategies. Biodiversity and Conservation 19, 3973–3990, 2010.

177. ZANNI, M.; BRIVIO, F.; BERZI, D.; CALDEROLA, S.; LUCCARINI, S.; COSTANZI, L.; DARTORA, F.; APOLLONIO, M. A report of short-term aversive conditioning on a wolf documented through telemetry. European Journal of Wildlife Research 69, Nr. 64. https://doi.org/10.1007/s10344-023-01693-z

178. ZIMEN, E. Der Wolf. Meyster Verlag, Wien & München 1978.

179. ZIMEN, E. On the regulation of pack size in wolves. Zeitschrift für Tierpsychologie 40, 300–341, 1976.

180. ZSCHEISCHLER, J.; FRIEDRICH, J. The wolf (*canis lupus*) as a symbol of an urban–rural divide? Results from a media discourse analysis on the human–wolf conflict in Germany. Environmental Management 70, 1051–1065, 2022.

REGISTER

Bildnachweis

Mit 74 Abbildungen von wikimedia commons: S. 6, 14, 15, 18, 19, 20, 27, 30, 31, 34, 37, 38, 39, 41, 44, 45, 46, 49, 51, 53, 55, 59, 64, 66, 67, 69, 72, 74, 83, 103, 104, 106, 114, 124, 133, 160, 166, 170 beide, 172, 182, 186, 187, 202, 212, 214; Autor: S. 22, 57, 78, 84, 88, 100, 127, 134, 139, 144, 178, 194; Jarmer/Autor: 168–169 alle; Kosmos: 91; Kosmos nach Vorlagen des Autors: S. 79, 94, 115, 131 beide, 132; Bundesamt für Naturschutz: S. 96; Deutsche Wildtierstiftung: S. 97; Shutterstock: S. 12 /Ecgeniya Fedorova Dramas; S. 118 /Photofex_AUT.

Impressum

Umschlaggestaltung von Büro Jorge Schmidt unter Verwendung eines Farbfotos von AdobeStock/bennytrapp.

Unser gesamtes lieferbares Programm finden Sie unter **kosmos.de**
Über Neuigkeiten informiert Sie regelmäßig unser Newsletter, einfach anmelden unter **kosmos.de/newsletter**

Gedruckt auf chlorfrei gebleichtem Papier.

ISBN 978-3-440-18098-3
Lektorat: Achim Gralke
Gestaltung und Satz: TEXT & BILD | Michael Grätzbach
Produktion: Vanessa Frömmig
Druck und Bindung: Westermann Druck Zwickau GmbH
Printed in Germany / Imprimé en Allemagne

FSC
www.fsc.org
MIX
Papier | Fördert gute Waldnutzung
FSC® C110508